西南地区
园林植物识别与应用实习教程

邓莉兰　主编

中国林业出版社

图书在版编目（CIP）数据

西南地区园林植物识别与应用实习教程／邓莉兰 主编．—北京：中国林业出版社，2009.3（2019.10重印）

ISBN 978-7-5038-5407-1

I.园… II.邓… III.园林植物—西南地区—教材 IV.S68

中国版本图书馆CIP数据核字（2009）第003558号

西南地区园林植物识别与应用实习教程

主　　编：邓莉兰
编　　委：李双智　罗昌国　党怡菲　母桂芸　昝少军
　　　　　胡丹红　许丽萍　李登建　赵晓伟
图片摄影：王红兵　邓莉兰

中国林业出版社

策划、责任编辑：吴金友　于界芬　李　顺
电话：83143569

出　　版：中国林业出版社（100009　北京西城区德内大街刘海胡同7号）
发　　行：中国林业出版社
印　　刷：北京中科印刷有限公司
版　　次：2009年3月第1版
印　　次：2019年10月第3次
开　　本：787mm×1092mm　1／16
印　　张：12.5
字　　数：320千字
定　　价：59.80元

凡本书出现缺页、倒页、脱页等质量问题，请向出版社图书营销中心调换。
版权所有　侵权必究

前 言

《西南地区园林植物识别与应用实习教程》可作为风景园林树木学、园林树木学、观赏树木学和园林植物学等课程的实习教材，书中介绍的植物种类为西南地区园林中常用及常见的种类，少数种类为本地区原产及国外新引进的应用前景较好的植物。全书共计117科271种、14变种、22品种、4变型及1杂交种，同时每种均配有直观性的景观及特征图片等。

本书分总论和各论两部分：总论介绍了园林植物的分类及园林植物的配植方式与应用；各论按照植物的分类系统、生态习性、观赏特性及其在园林中的应用或利用等将园林植物分为常绿乔木、落叶乔木、常绿灌木、落叶灌木、攀援植物、花卉植物、湿地植物、竹类植物、蕨类植物九大类，并在每个类群中选择了具有代表性及常见的种类从识别特征、习性、观赏特性和园林应用四个方面进行简要的介绍。由于有些种类虽是乔木，但在园林中通常作灌木用；有的种类既可作花卉植物，又是常绿灌木或落叶灌木或攀援植物等，故在类群划分时，尽量以园林中用得较多的为主。

考虑到植物识别的基础是相关的形态术语，书后附加了附录——植物的形态术语解释，并附有相关的彩图。

本书适合于园林绿化工作者、大专院校学生及广大植物爱好者使用。由于时间及个人水平所限，书中一定存在错误和缺点，敬请广大读者提出宝贵意见和建议，以臻更加完善。

编者

西南林业大学

目 录

前　　言

总　　论

一、园林植物的分类 ……………………………………………… 1

二、园林植物的配植方式与应用 ………………………………… 1

各　　论

常绿乔木 …………………………………………………………… 4

落叶乔木 …………………………………………………………… 27

常绿灌木 …………………………………………………………… 53

落叶灌木 …………………………………………………………… 69

攀援植物 …………………………………………………………… 79

花卉植物 …………………………………………………………… 95

湿地植物 …………………………………………………………… 111

竹　　类 …………………………………………………………… 125

蕨类植物 …………………………………………………………… 133

形态术语实例图 …………………………………………………… 151

中文名索引 ………………………………………………………… 188

拉丁文索引 ………………………………………………………… 194

参考文献 …………………………………………………………… 196

总 论

一、园林植物的分类

园林植物的分类在科学上是与植物分类学的原理相一致的，但是，园林植物还按照园林建设的要求及应用等进行分类；本书为了便于园林植物的识别，依据植物的分类系统、生态习性、观赏特性及其在园林中的应用或利用等将园林植物分为下列九类：

1. **常绿乔木**：树体高大，具明显主干，一般树木高 5m 以上的常绿树木。如雪松（*Cedrus deodara*）、马尾松（*Pinus massoniana*）、蓝桉（*Eucalyptus globulus*）、樟树（*Cinnamomum camphora*）等。

2. **落叶乔木**：树体高大，具明显主干，一般树木高 5m 以上的落叶树木。如银杏（*Ginkgo biloba*）、垂柳（*Salix abylonica*）、悬铃木（*Platanus orientalis*）等。

3. **常绿灌木**：通常有两种类型：一类是树体高小于 5m，主干低矮；另一类树体矮小，无明显主干，呈丛生状的常绿树种。如：千头柏（*Platycladus orientalis cv. Sieboldii*）、含笑（*Michelia figo*）、雀舌黄杨（*Buxus harlandii*）等。

4. **落叶灌木**：通常有两种类型：一类是树体高小于 5m，主干低矮；另一类树体矮小，无明显主干，呈丛生状的落叶树种。如棣棠花（*Kerria japonica*）、羊踯躅（*Rhododendron molle*）等。

5. **攀援植物**：地上部分不能直立生长，须攀附于其他支持物向上生长。如紫藤（*Wisteria sinensis*）、常春油麻藤（*Mucuna sempervirens*）、中华猕猴桃（*Actinidia chinensis*）等。

6. **花卉植物**：指具有一定观赏价值的草本植物。如：三色堇（*Viola tricolor*）、旱金莲（*Tropaeolum majus*）、铁梗报春（*Primula sinolisteri*）等。

7. **湿地植物**：能生长于水域环境及湿地驳岸、沼泽湿地或临水区域的植物，根据湿地植物生境的不同，又可分为水生植物和湿生植物等。如：睡莲（*Nymphaea tetragona*）、红姜花（*Hedychium coccineum*）、马蹄莲（*Zantedeschia aethiopica*）等。

8. **竹类植物**：是禾本科竹亚科多年生木质化植物，有"梅兰竹菊"四君子之一，"梅松竹"岁寒三友之一等美称及"宁可食无肉，不可居无竹"的名言，在园林景观中广泛应用，如：黄金间碧竹（*Bambusa vulgaris var. striata*）、紫竹（*Phyllostachys nigra*）等。

9. **蕨类植物**：蕨类植物又称羊齿植物，是界于苔藓植物和种子植物之间的一大类群植物，具有独特的生活史，平常所见的蕨类植物是它的孢子体，孢子体上产生孢子，孢子萌发后形成配子体，配子体能独立生活，产生配子，即精子和卵，受精卵生长发育成新的孢子体。蕨类植物虽然没有鲜艳夺目的花及果实，但却以其奇特的叶形、叶姿和青翠碧绿的色彩，在园林景观中广泛应用，如：扇蕨（*Neocheiropteris palmatopedata*）、盾蕨（*Neolepisorus ovatus*）、鹿角蕨（*Platycerium wallichii*）等。

二、园林植物的配植方式与应用

（一）园林植物的配植方式

配植方式是搭配植物的样式，一般分为两大类，一类称为规则式，另一类称为自然式。规则式的特点是整齐、严谨，有固定的株行距。自然式的特点是灵活、自然、参差有致，无固定的株行距。

1. **规则式配植**

选用树形美观、规格一致的树种，按固定的几何图形进行种植，称规则式配植。在规则式配植中又可分为以下几种类型：

（1）**对植** 在公园和广场的入口、建筑物前等处，左右各植一株或多株树木，使之对称呼应的配植。

（2）**列植** 在工厂和居住区的建筑物前、规则式道路和广场边缘或围墙边缘，树木以固定的株行距呈单行或多行的行列式栽植，称列植。多见于行道树、绿篱、林带、水边等种植形式中。

(3) 三角形种植　树木以固定的株行距按等边三角形或等腰三角形的形式种植。等边三角形的方式有利于树冠和根系对空间的充分利用。实际上大片的三角形种植仍形成变体的列植。

(4) 中心植　一般在广场、花坛的中心点种植单株或单丛树木的种植形式。

(5) 环植　按一定的株距把植物栽为圆形的一种方式，包括环形、半圆形、弧形、双环、多环、多弧等富于变化的方式。

(6) 多边形　包括正方形栽植、长方形栽植和有固定株行距的带状栽植等。

2. 自然式配植

多选择树形美观的植物，以不规则的株行距配植成各种形式。

(1) 孤植（单植）　孤植即单株树孤立种植。

(2) 丛植　丛植是指由三五株至八九株同种或异种植物以不等距离种植在一起成为一个整体的种植方式。

(3) 群植　以一两种乔木为主，与数种乔木和灌木搭配，组成20～30株或更多的较大面积的植物群体，这样的种植方式称为群植。

(4) 林植　林植是指较大规模成带成片的树林状的种植方式，是森林概念在园林中的应用。这种配植形式多出现于城市森林，包括城市公园，自然风景区中的风景林带、工矿厂区的防护林带和城市外围的绿化及防护林带。

(5) 散点植　以单株或双株、三株的丛植为一个点在一定面积上进行有节奏和韵律的散点种植，强调点与点之间的相呼应的动态联系，特点是既体现个体的特性，又使其处于无形的联系中。

3. 混合式配植

在一定的单元面积上采用规则式和自然式相结合的配植方式，这种方式常应用于面积较大的城市绿化和城市建设中。

（二）园林植物的应用

1. 行道树

栽植在道路如公路、园路、街道等两侧，以遮荫、美化为目的的乔木树种。

2. 庭荫树

栽植于庭院、绿地或公园等地能形成大片绿荫供人纳凉之用的树木，庭荫树又称遮荫树、绿荫树等。

3. 独赏树

独赏树又称孤植树、标本树、孤形树或独植树，指为表现树木的形体美，可独立成为景观供人观赏的树种。

4. 群植树

群植体现的是群体美，可应用于较大面积的开阔场地上作为树丛的陪衬，也可种植在草坪或绿地的边缘作为背景。与丛植不同之处在于所用的树种株数增加、面积扩大，是人工组成的群体，必须多从整体上来探讨生物学与美观、适用等问题，是树木群落学知识在园林应用中的反映，是风景园林景观中树木造景提倡的种植方式。群植最有利于发挥效益。

5. 观赏植物

凡具有美丽的花朵或花序、花形、花色或芳香等有观赏价值的植物，据其观赏部位又可分为以下六类：

(1) 观形　指形体及姿态有较高观赏价值的一类植物，如：龙柏（*Sabina chinensis* cv.kaizuca）、榕树（*Ficus microcarpa*）、龙爪槐（*Sophora japonica* cv. *Pendula*）、灯台树（*Swida controversa*）等。

(2) 观花　指花色、花香、花型等有较高观赏价值的一类植物，如冬樱花（*Cerasus cerasoides*）、月季（*Rosa chinensis*）、玉兰（*Magnolia denudata*）、莲花（*Nelumbo nucifera*）等。

(3) 观叶　指叶的色彩、形态、大小等有独特之处，可供观赏，如鹅掌柴（*Schefflera octophylla*）、鸡爪槭（*Acer palmatum*）、乌桕（*Sapium sebiferum*）、云南七叶树（*Aesculus wangii*）、铁线蕨（*Adiantum capillus-veneris*）等。

(4) **观果** 果实具较高观赏价值的一类树木，或果形奇特，或色彩艳丽，或果实巨大等，如柚子（*Citrus maxima*）、金钱槭（*Dipteronia sinensis*）、复羽叶栾树（*Koelreuteria bipinata*）、青钱柳（*Cyclocarya paliurus*）等。

(5) **观枝干** 指枝干具有独特的风姿，或具奇特的色彩，或具奇异的附属物等可供观赏的植物，如白皮松（*Pinus bungeana*）、梧桐（*Firmiana platanifolia*）、青榨槭（*Acer davidii*）、紫薇（*Lagerstroemia indica*）等。

(6) **观根** 指裸露的根具观赏价值的植物，如榕树（*Ficus microcarpa*）、露兜树（*Pandanus tectorius*）等。

6. 垂直绿化植物

垂直绿化是指利用攀援或悬垂植物装饰建筑物墙面、栏杆、棚架、杆柱及陡直的山坡等立体空间的一种绿化形式。垂直绿化占地少，能充分利用空间，在人口众多、建筑密度大、绿化用地不足的城市尤其重要。藤本植物本身不能直立生长，是靠卷须、吸盘或吸附根等器官缠绕或攀附于它物而生长的，是垂直绿化的理想材料，在园林景观中，藤本植物可以起到遮蔽景观不佳的建筑物、防日晒、降低气温、吸附尘埃、增加绿视率的作用。

7. 绿篱及造型植物

将树木密植成行，按照一定的规格修剪或不修剪，形成绿色的墙垣，称为绿篱。在园林中，绿篱（称为树篱或植篱）主要起分割空间、遮蔽视线、衬托景物、美化环境以及防护作用等。绿篱可做成装饰性图案、背景植物衬托、构成夹景和透景、突出水池或建筑物的外轮廓等。

8. 地被植物

地被植物是指株丛紧密低矮，用以覆盖园林地面、防止杂草滋生的植物。草坪植物本身也是地被植物，因其占有特殊重要的地位，所以专门另列为一类。除草本植物外，木本植物中的矮小丛木、半蔓性的灌木、木质藤本以及蕨类植物均可用作园林地被植物。

各 论

常绿乔木

1 南洋杉　　　*Araucaria cunninghamii* Sweet　　　南洋杉科

识别特征：叶二型，幼树和营养枝之叶排列松散，开展，钻状、镰状或三角状，长 7～17mm，微弯；大树及球果枝之叶排列紧密而叠盖，微上弯，卵形、三角状卵形或三角状，长 6～10mm。球果卵形或椭圆形，种鳞和苞鳞合生，仅先端分离，苞鳞楔状倒卵形，先端具长尾状尖头，尖头中上部显著反曲；每种鳞腹面基部具 1 种子，种子两侧具膜质翅。

习　　性：喜温暖湿润气候，不耐寒，忌干旱，稍耐荫，喜肥沃土壤。生长较快，萌蘖力强。

观赏特性：树形高大，枝叶亮丽，有松之气魄、竹的生机，近观有形，远观若画，为美丽的园景树。

园林应用：可列植于园路两旁或对植在建筑两侧和大门入口处，是居民区、各种绿地常用的绿化树种，常作园景树、纪念树、行道树等，亦可盆栽观赏。

2 云南油杉（杉松、云南杉松）　　　*Keteleeria evelyniana* Mast.　　　松科

识别特征：叶条形，两面中脉隆起，长 3～6.5cm，宽 2～3mm，先端有凸起的钝尖头，两面有气孔线。球果直立，圆柱形，苞鳞与种鳞分离，种鳞斜方状卵形或三角状卵形，上部较窄，边缘外曲，具细小缺齿。花期 4～5 月，种子 10 月成熟。

习　　性：喜温暖、干湿季分明气候，耐寒能力较差。

观赏特性：植株高大雄伟，树冠少壮时呈圆锥形，老年时呈半球形，叶色翠绿，枝条开展，树形美观。

园林应用：可成片种植成风景林，也可孤植形成独特景观。

3　西藏云杉（喜马拉雅云杉、长叶云杉）　*Picea spinulosa* (Griff.) Henry　松科

识别特征：小枝上具明显的叶枕，一年生枝细长下垂。叶条形，横切面扁四棱形，直或微弯，长1.5～3.5cm；上（腹）面每边有白色气孔线4～7条，背面无气孔线。球果长圆形或圆柱形，长9～11cm，种鳞排列紧密，苞鳞不露出。

习　　性：喜冷凉湿润气候，在酸性棕壤上生长良好，有较强的耐荫性，耐寒、耐旱和抗风性强。

观赏特性：植株高大雄伟，枝叶纤细，飘逸潇洒。

园林应用：作园景树、纪念树，或用于水源涵养林、城市面山绿化等。

4　银杉　*Cathaya argyrophylla* Chun et Kuang　松科

识别特征：高达20m；一年生枝黄褐色；叶枕稍隆起，顶端具近圆形叶痕。叶条形，略镰状弯曲或直，长4～6cm，上面深绿色，被柔毛，幼时叶缘有睫毛。雌雄同株，球果熟时暗褐色，卵形、长卵形或长圆形，种鳞木质，近圆形，背部横凸成蚌壳状，宿存，苞鳞三角状。花期5～6月，球果次年10月成熟。

习　　性：喜光树种，喜温暖、湿润气候和排水良好的酸性土壤，耐寒、耐旱性强，抗风力强。

观赏特性：树干高大通直，挺拔秀丽，树势苍虬，枝叶茂密，碧绿的线形叶背面有两条银白色气孔带，在风吹动下银光闪闪，分外动人。

园林应用：配置于南方适生地的风景区及园林中，可作基调树种或庭院观赏。

| 5 | 华山松（白松、五须松、果松、青松、五叶松） | *Pinus armandi* Franch. | 松科 |

识别特征：树冠广圆锥形，小枝平滑无毛，冬芽小。针叶5针一束，长8～15cm，边缘有细锯齿，叶鞘早落。球果圆锥状长卵形，长10～20cm，成熟时种鳞张开，鳞脐顶生，种子脱落。种子无翅或近无翅。花期4～5月，球果次年9～10月成熟。

习　　性：喜光、喜温凉湿润气候，适宜深厚疏松、湿润、排水良好的微酸性棕壤，不耐水涝和盐碱。

观赏特性：树冠广圆锥形，高大挺拔，针叶苍翠，生长迅速，是优良的用材及山地风景林和庭院绿化树种。

园林应用：可用作园景树、庭荫树、行道树及林带树或作风景林、水源涵养林、城市面山绿化等。

| 6 | 柳杉（长叶柳杉、孔雀松） | *Cryptomeria fortunei* Hooibrenk ex Otto et Dietr. | 杉科 |

识别特征：叶螺旋状着生，略呈5列，钻形，两侧扁，长1～1.5cm，微向内弯曲，基部下延。雌雄同株；球果近球形，直径1.2～2cm；种鳞上部具4～7短三角形裂齿，中部具三角状分离的苞鳞。种子微扁，周围具窄翅。花期4月，球果10月成熟。

习　　性：喜温暖、湿润气候及肥沃土壤，幼树耐半荫，忌干旱、酷热和严寒。

观赏特性：树形圆整而高大，树干粗壮，树势雄伟。

园林应用：常独植、对植，亦丛植或群植，极为美观，是良好的庭园绿化及行道树、园景树等。

7 杉木（沙木、沙树、刺杉、正杉、正木）　　Cunninghamia lanceolata (Lamb.) Hook.　　杉科

识别特征：大枝平展，小枝近轮生。叶线状披针形，边缘有细锯齿，长 2～6cm，宽 3～5cm。球果长 2.5～5cm，径 3～4cm；苞鳞棕黄色，三角状卵形，边缘有锯齿，珠鳞小，3 浅裂，腹面基部有 3 枚倒生胚珠。种子扁平，两侧边缘有窄翅，暗褐色，有光泽。花期 4 月，球果 10 月成熟。

习　　性：喜温暖、湿润的气候及肥沃的土壤，不耐严寒；生长较快。

观赏特性：树干通直，枝叶青翠，成片种植成景，极优美。

园林应用：适于列植道旁，在山谷、溪边群植，山岩、亭台之后片植或散植于草坪，也可在建筑物附近成丛点缀或用于风景林、水源涵养林等。

8 侧柏（黄柏、香柏、扁柏、柏树、松柏、香柯树）　　Platycladus orientalis (Linn.) Franco　　柏科

识别特征：生鳞叶的小枝排成一个平面，侧向伸展。鳞叶先端微钝，两面同形同色。球果长 1.5～2cm，成熟时褐色；种鳞先端不形成鳞盾，但具 1 鸟嘴状突起；种子长 4～6mm。花期 3～4 月，球果 10 月成熟。

习　　性：喜光树种，幼苗期稍耐荫；抗旱性强，对土壤要求不严，适应性广，抗盐碱力很强，是石灰岩山地优良的园林树种。

观赏特性：侧柏树冠参差，萌芽力强，枝叶苍翠；老树则枝干苍劲，气势雄伟。

园林应用：园林中用作绿篱，孤植、丛植或作背景树；因对毒气有中强度抗性，亦可作厂区、街道绿化树种。

品　　种：(1) 千头柏 'Sieboldii'：丛生灌木，无主干，枝密，上伸；树冠卵圆形或球形。

(2) 洒金千头柏 'Semperaurescens'：矮型灌木，树冠球形，叶全年为金黄色。

千头柏

洒金千头柏

侧柏

9 翠柏（大鳞肖楠、长柄翠柏） *Calocedrus macrolepis* Kurz 柏科

识别特征：着生球果的小枝圆柱形或四棱形；小枝互生，两列状，明显成节。鳞叶交互对生，长0.2～0.4cm，叶背微被白粉或无。球果长1～2cm；种鳞3对，木质，扁平。球果10月成熟。

习　　性：喜光，喜温暖气候，不耐严寒和酷暑，要求中性、微酸性及土层深厚的土壤。

观赏特性：植株高大、树干通直，枝叶清香、叶色浓绿。

园林应用：适宜孤植点缀假山石、庭院或建筑，可作为分布区内荒山造林树种和城镇绿化与庭园观赏树种，亦可作各式建筑的背景树种植等。

10 柏木（垂丝柏、宋柏、黄柏、香扁柏、扫帚柏、柏树、密密柏） *Cupressus funebris* Endl. 柏科

识别特征：小枝细长下垂，生鳞叶的小枝扁，排成一平面，两面同形，绿色，宽约1mm。雄球花椭圆形或卵圆形，雄蕊通常6对。球果圆球形，种鳞4对。花期3～5月，球果次年5～6月成熟。

习　　性：喜光照充足、温暖湿润的气候，宜稍耐荫，但不耐严寒；对土壤要求不严，但在钙质土上生长良好。

观赏特性：树冠尖塔形，鳞叶翠绿，细枝下垂。

园林应用：适宜孤植于公园、庭院、陵园及风景区，也可成丛成片配置在草坪边缘、风景区、森林公园等处，或植于道路两侧，或作纪念性建筑、公墓、名胜古迹背景种植等。

11 刺柏 (璎珞柏、台桧、山杉、刺松、矮柏木、台湾柏) *Juniperus formosana* Hayata 柏科

识别特征：树冠塔形或圆柱形；小枝下垂。刺叶三枚轮生，长1.2~2cm，宽0.1~0.2cm，先端渐尖，具有锐尖头，基部有关节，不下延；上面中脉两侧有1条白色气孔带，下面绿色，有光泽。球果浆果状，近圆球形或椭圆形，径0.6~0.9cm。

习　　性：喜光、耐半荫，对土壤要求不严，在疏松肥沃的土壤上生长良好；耐旱、耐寒性强。

观赏特性：树形美丽、紧凑，枝条细柔，针叶苍翠，冬夏常青。

园林应用：为优良的园林绿化树种，可孤植、对植、片植作园景树、观景林等。

12 圆柏 (桧柏、塔柏、红心柏、珍珠柏) *Sabina chinensis* (Linn.) Ant. 柏科

识别特征：小枝通常直或稍成弧状弯曲。叶二型：刺叶生于幼树之上，老龄树则全为鳞叶，壮龄树兼有刺叶与鳞叶。雌雄异株，稀同株。球果近圆球形、肉质，常被白粉，有1~4粒种子。球果翌年10~11月成熟。

习　　性：喜光，喜温暖湿润气候，较耐荫，耐寒、耐热性强，对土壤要求不严，忌积水。耐修剪，易整形，对二氧化硫、氯气、氟化氢等有毒气体有较强抗性。

观赏特性：树冠整齐圆锥形，树形优美，鳞叶细密、质地细腻，有形有色。

园林应用：可作基调树种或点缀树种，或群植于草坪边缘作背景，或丛植成片林，亦可镶嵌于树丛的边缘、建筑附近等，也可独树成景，是我国传统的园林树种。古庭院、古寺庙等风景名胜区多有千年古柏。

品　　种：(1) 龙柏 'Kaizuka'：树形呈圆柱状，小枝略扭曲上升，小枝密，在枝端形成密簇状，球果蓝黑，略有白粉。

(2) 塔柏 'Pyramidalis'：树冠圆柱形，枝向上直伸，密生；叶几乎全为刺形。

(3) 铺地龙柏 'Kaizuca - procumbens'：无直立主干，植株贴地平展。

圆柏　　　　　　　　龙柏　　　　　　　塔柏　　　　　　　铺地龙柏

| 13 | 竹柏 （大果竹柏、铁甲树、船家树、糖鸡子、椰树、罗汉柴） | *Nageia nagi* (Thunb.) Kuntze | 罗汉松科 |

识别特征：树冠圆锥形。叶对生，卵形至椭圆状披针形，厚革质，长 3.5～9cm，宽 1.5～2.5cm，无明显中脉，具多数平行细脉。雄球花穗状圆柱形，单生叶腋，常呈分枝状；雌球花单生或成对生于叶腋。种子圆球形，径 1.2～1.5cm，熟时假种皮暗紫色，被白粉。花期 3～4 月，种子 10 月成熟。

习　　性：喜温暖、湿润的气候及深厚、肥沃排水良好的微酸性土壤；抗污染、耐低温、耐荫。

观赏特性：树形端庄，树冠浓郁，干形如松，叶形如竹，枝叶青翠而有光泽。

园林应用：是良好的庭荫树及行道树，亦是城乡四旁绿化用的优良树种。宜于草坪边缘、园路转角等处种植，还可室内盆栽观赏。

| 14 | 云南红豆杉 （地木、西南红豆杉） | *Taxus yunnanensis* Cheng et L.K.Fu | 红豆杉科 |

识别特征：一年生枝绿色。叶质地薄，条状披针形或披针状条形，长 1.5～4.7cm，宽 2～3mm，常呈镰状，边缘向下反曲，先端渐尖或微急尖，基部偏斜，中脉两侧各具一条淡黄色气孔带。雌雄异株，球花单生于叶腋；雌球花近无梗。种子卵圆形，坚果状，生于红色肉质杯状的假种皮中，卵圆形，顶端有小尖头。种子 10～11 月成熟。

习　　性：喜温暖、湿润气候及土层深厚、肥沃、排水良好的微酸性土壤。

观赏特性：树形高大雄伟，种子生于红色肉质杯状的假种皮中，外观似红豆，极具观赏性。

园林应用：适合在庭园一角孤植点缀，建筑背阴面的门庭或路口对植，亦可在山坡、草坪边缘、池边、片林边缘丛植，也适宜在风景区作中、下层树种与各种针阔叶树种配置。

15 山玉兰（优昙花、云南玉兰、山波罗）　　Magnolia delavayi Franch.　　木兰科

识别特征：小枝具环状托叶痕。叶革质，宽卵形或卵状椭圆形，长 10～25cm，宽 10～14cm，上下两端圆钝，上面有光泽，幼叶被毛，长成时仅下面被白粉；叶脉在两面极明显，侧脉 11～16 对；叶柄长 3～7cm，托叶痕几达叶柄的顶端。花白色，芳香，径 15～20cm；花被片 9，外轮瓣片较内轮稍大，心皮离生，螺旋状着生在柱状花托上。聚合蓇葖果卵状圆柱形，每蓇葖中具种子 2～4。花期 4～6 月，果期 8～10 月。

习　　性：喜温暖湿润气候，要求土层深厚、肥沃、排水良好的土壤。

观赏特性：树冠广阔、叶大荫浓、花大如荷，芳香馥郁，为优良的庭园观赏树。

园林应用：宜作园景树，丛植或孤植均可。

变　　型：红花山玉兰：*M.delavayi* f. *rubra* K.M.Feng；花色粉红至红色。

红花山玉兰

16 馨香玉兰　　Magnolia odoratissima Law et R.Z.Zhou　　木兰科

识别特征：嫩枝密被白色长毛。叶革质，卵状椭圆形，长 8～14（30）cm，宽 4～7（10）cm，先端短急尖，基部阔楔形，托叶与叶柄连生，托叶痕几达叶柄长。花白色，直立，极芳香，花蕾卵圆形，花被片 9，凹弯，肉质，外轮 3 片较薄，倒卵形或长圆形，中轮 3 片倒卵形，内轮 3 片倒卵状匙形。花期 5～6 月，果期 9～10 月。

习　　性：喜光，不耐严寒，喜肥沃、湿润排水良好的土壤。

观赏特性：花大型、芳香、色白，枝叶翠绿，树冠宽广，是良好的香花树种。

园林应用：可孤植、群植、列植于庭院、公园等各种绿地，还可作行道树种植。

17　木莲（海南木莲、乳源木莲、黄心树）　Manglietia fordiana Oliv.　木兰科

识别特征：高达 20m；嫩枝及芽被褐色绢毛。叶厚革质，狭倒卵形至狭椭圆状倒卵形或倒披针形，长 8～17cm，宽 2.5～5.5cm，先端急尖，基部楔形，侧脉 8～12 对；叶柄长 1～3cm。花白色，总花梗长 6～11mm，径 6～10mm，被红褐色短柔毛。聚合蓇葖果卵球形，褐色，具短梗，长 2～5cm，每心皮有胚珠 8～10 枚。花期 5 月，果期 10 月。

习　　性：喜温暖湿润气候，要求土层深厚、肥沃的酸性、微酸性土壤，干热环境下生长不良。

观赏特性：树冠浑圆，枝叶繁茂，绿荫如盖，典雅清秀，花大洁白，聚合果深红色，红色种子尤为可爱，观赏价值较高。

园林应用：宜作独赏树、行道树、庭荫树，适宜于草地、门前、角隅等处种植。是园林树木中的优良观赏树种。

18　黄缅桂（黄兰、黄玉兰）　Michelia champaca L.　木兰科

识别特征：小枝具有环状托叶痕。叶互生，薄革质，披针状卵形或披针状长椭圆形，长 10～20cm，宽 4～9cm；叶柄长 2～4cm，托叶痕达叶柄中部以上。花单生于叶腋，橙黄色，极香；花被片 15～20，披针形，长 3～4cm；雌蕊群柄长约 3mm。穗状聚合果长 7～15cm；蓇葖倒卵状矩圆形，长 1～1.5cm；种子 2～4，有皱纹。花期 6～7 月，果期 9～10 月。

习　　性：喜阳光充足、温暖湿润的气候，要求疏松、肥沃的微酸性土壤，不耐干旱，忌积水。

观赏特性：树形美观，枝叶浓密，花橙黄色，芳香浓郁，花期长。

园林应用：香花树、园景树，与针叶树种或落叶树种配置效果更佳。

19 多花含笑　　Michelia floribunda Finet et Gagnep.　　木兰科

识别特征：高达 18m；幼枝被灰白色平伏毛。叶革质，窄卵状椭圆形，长 7～14cm，宽 2～4cm；先端渐尖，基部阔楔形或圆，上面深绿色，下面苍白色，被白色平伏毛；叶柄的托叶痕长为叶柄的 1/2。花单生叶腋，花蕾椭圆形，花被片 11～13，淡黄白色。聚合蓇葖果长 2～6cm，蓇葖顶端微尖。花期 2～4 月，果期 8～9 月。

习　　性：喜阳光充足、温暖湿润的气候，常生于山坡沟谷常绿阔叶林中。

观赏特性：树冠塔形，终年翠绿清香，叶面深绿色，叶背苍白色；早春开花，花期长，观赏价值较高。

园林应用：适宜于群植、孤植或列植，亦可作行道树、庭荫树种植，均能形成优美的景观。

20 樟树（樟、香樟、芳樟、油樟、樟木、乌樟）　　Cinnamomum camphora (L.) Presl　　樟科

识别特征：小枝淡绿无毛；植物体具樟脑香味。叶互生，近革质，卵形或卵状椭圆形，先端尖，基部宽楔形或稍圆，边缘波状，下面灰绿色，离基三出脉，脉腋有腺窝。圆锥花序；花黄绿色。核果球形，熟时紫黑色；果托杯状，果梗不增粗。花期 4～5 月，果期 10～11 月。

习　　性：喜光，稍耐荫，喜温暖湿润气候，不耐寒，对土壤要求不严，但不耐干旱、瘠薄和盐碱土，耐烟尘和抗有毒气体。

观赏特性：树姿雄伟，枝叶茂密，冠大荫浓。

园林应用：作庭荫树、行道树、防护林及风景林，常配植于池畔、水边、山坡、平地等，在草地中丛植、群植或作背景树都很合适，也可选作厂矿区绿化树种。

21 滇润楠 (云南楠木、滇楠、白香樟、铁香樟、滇桢楠、香桂子)　　*Machilus yunnanensis* Lecomte　　樟科

识别特征：叶互生，革质，揉之有芳香味，倒卵形或倒卵状椭圆形或椭圆形，长 7～12cm，先端短渐尖，基部楔形或宽楔形，侧脉 7～9 对，横脉及细脉在两面明显，结成网格状；叶柄长 1～1.7cm，无毛。圆锥花序，花黄绿色。核果卵圆形，宿存花被片反折，具白粉，无毛。花期 4～5 月，果期 6～10 月。

习　　性：喜温暖气候，在湿润和土壤肥沃的山坡生长较快。

观赏特性：树冠广卵形，叶光亮浓绿而优美。

园林应用：可作行道树、园景树及背景树等，列植、孤植或成片种植皆宜。

22 枇杷 (卢桔)　　*Eriobotrya japonica* (Thunb.) Lindl.　　蔷薇科

识别特征：小枝粗壮，密被锈色或灰棕色绒毛。叶披针形、倒披针形或椭圆状长圆形，革质，长 10～30cm，先端渐尖或急尖，基部楔形或下延至叶柄，上部边缘具疏锯齿，上面多皱，下面密被灰棕色绒毛。圆锥花序被锈色绒毛。梨果球形，黄色或橘黄色。花期 10～12 月，果期 5～6 月。

习　　性：喜光照充足、温暖湿润气候和肥沃、排水良好之土壤，稍耐寒。深根性，生长慢，寿命长。

观赏特性：树形整齐美观，四季常青，叶面有光泽，秋冬白花盛开，初夏黄果累累，既可观花又可观果，是优良的城乡绿化景观树及园林结合生产树种。

园林应用：可作为城市行道树，也可在公园草坪孤植或群植于亭台前后。

23　球花石楠　　Photinia glomerata Rehd. et Wils.　　蔷薇科

识别特征：高6～10m；小枝幼时被黄色绒毛。叶革质，长圆形至披针形，长5～18cm，先端短渐尖，基部楔形至圆形，边缘微外卷，具内弯腺锯齿。花多数，芳香，密集成复伞房花序；花瓣白色。果卵圆形，长5～7mm，径2.5～3mm，成熟时红色。花期5月，果期9月。

习　　性：喜温暖湿润气候以及土层深厚、肥沃的中性、微酸性土壤。

观赏特性：树冠圆形，叶丛浓密，嫩叶红色，花白色、密生，冬季果实红色，鲜艳夺目。

园林应用：可作行道树，也可孤植、群植于公园或住宅小区的绿地中。

24　黑荆树（澳洲金合欢、黑栲皮树、黑儿茶）　　Acacia mearnsii De Wilde　　含羞草科

识别特征：小枝具棱，被绒毛。二回羽状复叶，小叶排列紧密，条形，长1.5～3（4）mm，宽0.7～1mm，暗绿色，下面被毛；叶柄具1腺体，叶轴上每对羽片间具1～2腺体。头状花序组成腋生复总状花序；花淡黄色。荚果长带状，长3.5～11cm，宽4～7mm，在种子间稍缢缩，暗褐色，密被绒毛。花期6月，果期8月。

习　　性：喜暖热气候，耐干旱瘠薄，适应性强，速生。

观赏特性：树势端庄，枝叶秀丽而质地细腻，开花时节，满树繁花，甚为壮观。

园林应用：可作行道树及矿山等绿化树或园景树；树根有根瘤可固氮，是改良土壤、提高土壤肥力的优良树种。

25 头状四照花（鸡嗉子、鸡嗉子果、野荔枝、山荔枝） *Dendrobenthamia capitata* (Wall.) Hutch. 山茱萸科

识别特征：高达15m。叶椭圆形或椭圆状卵形，长5.5～10cm，先端突渐尖或渐尖，基部楔形，下面密被毛，侧脉4～5对；叶柄长1～1.4cm。头状花序球形，总苞片4，白色，两面微被贴生短柔毛。果序扁球形，径约2cm，紫红色，果序梗粗壮，长4～6(8)cm，幼时被粗毛，后渐疏或无。花期5～6月，果期9～10月。

习　　性：喜温暖湿润的气候，在土层深厚、肥沃的中性、微酸性土壤上生长良好。

观赏特性：树姿优美，枝叶浓密，白色苞片引人注目，秋季红果满树，是美丽的庭园观花、观果树种。

园林应用：可孤植或列植，也可丛植于草坪、路边、林缘、池畔，与常绿树混植等。

26 马蹄荷（白克木、合掌木） *Exbucklandia Populnea* (R.Br.) R.W.Brown 金缕梅科

识别特征：高达20m；小枝被短柔毛，节膨大。叶革质，阔卵圆形，全缘，或嫩叶掌状3浅裂；叶基部心形，稀为圆形，掌状脉5～7条；叶柄长3～6cm；托叶2，相对合生，长2～3cm，宽1～2cm。头状花序单生或数枝排成总状花序。头状果序有蒴果8～12个；种子具窄翅。

习　　性：喜光，喜温暖、湿润气候，根系发达，喜土层深厚、排水良好、微酸性的红黄土壤，对中性土壤也能适应。生长较快。

观赏特性：树姿美丽，树冠广阔，叶大而光亮。

园林应用：适作庭荫树或在山地营造风景林，孤植、丛植、群植均宜。

27 壳菜果（朔潘、鹤掌叶、米老排）　　*Mytilaria laosensis* Lecte.　　金缕梅科

识别特征：小枝具环状托叶痕。叶革质，宽卵形，长 10～13cm，全缘或 3 浅裂，先端短急尖，基部心形，表面绿色，有光泽；托叶 1，长卵形，管状，包芽，早落。花两性，肉穗状花序顶生或近顶生，小苞片 2，花瓣 5。蒴果椭圆形突出果序轴外。花期 3～4 月，果期 10～12 月。

习　　　性：喜温暖湿润气候，常生于低山常绿阔叶林中。

观赏特性：树形美观，叶光亮。

园林应用：可配置于公园、庭院、疗养院等各种绿地中。

28 毛杨梅（火杨梅）　　*Myrica esculenta* Buch.-Ham.　　杨梅科

识别特征：高达 15m；小枝及芽密被毡毛。叶革质，倒披针形，长 4～16cm，先端钝，基部狭楔形，全缘或有时在中部以上有少数不明显的圆齿或明显的锯齿，上面近叶基处中脉及叶柄密生毡毛，下面有极稀疏的金黄色腺体。雌雄异株。核果通常椭圆状，成熟时红色，外表面具乳头状凸起。花期 9～10 月，果期翌年 3～4 月。

习　　　性：喜温暖湿润气候及排水良好的酸性或微酸性砂质土壤，耐干旱瘠薄。

观赏特性：树冠圆整，枝叶浓密。

园林应用：可作行道树、庭荫树、园景树等，是优良的园林结合生产树种。

29 青冈（青冈栎、铁稠） *Cyclobalanopsis glauca* (Thunb.) Oerst. 壳斗科

识别特征：叶长椭圆形或倒卵状长椭圆形，长6～13cm，宽2～2.5cm，先端渐尖或尾尖，基部广楔形，边缘上半部有疏齿，中部以下全缘，背面灰绿色，被平伏毛，侧脉8～12对。壳斗碗形，包围坚果1/3～1/2，苞片合生成5～8条同心环带，环带全缘或有细缺刻。坚果卵形或近球形，径0.9～1.4cm。花期4～5月，果期10月。

习　　性：耐荫，喜温暖潮湿气候，有一定耐寒性，适生于酸性基岩山地。

观赏特性：树形高大，树冠广阔，树姿优美，是良好的园林观赏树种。

园林应用：用于四旁绿化、工厂绿化等，可作园景树、水源涵养林、边界树、背景树、防火林、防风林、绿墙等。

30 短萼海桐（山桂花、万里香） *Pittosporum brevicalyx* (Oliv.) Gagnep. 海桐花科

识别特征：高达10m；嫩枝无毛。叶聚生枝顶，倒卵状披针形，稀倒卵形或矩圆形，长5～12cm，宽2～4cm，顶端渐尖，基部楔形，全缘，无毛，光亮；侧脉9～11对。伞房花序3～5条生于枝顶叶腋；萼片5，卵形，长约2mm；花瓣5，长约1cm。蒴果近圆球形，压扁，径7～8mm，成熟时二瓣裂。花期4～5月，果期6～11月。

习　　性：喜温暖的气候及土层深厚、微酸性土壤。

观赏特性：树冠圆整，叶面光亮，枝叶浓密，层层叠叠，十分秀丽。

园林应用：作园景树、庭荫树，宜于草坪边缘、园路转角等处配置，或于工矿区种植。

31 山杜英（杜英、胆八树、羊屎树） *Elaeocarpus sylvestris* (Lour.) Poir. 杜英科

识别特征：单叶，互生，纸质，狭倒卵形，长4～12cm，顶端渐尖或短渐尖，基部楔形，边缘有波状钝齿，侧脉每边5～8条；叶柄长5～12mm。总状花序生于枝顶叶腋，长4～6cm；子房有绒毛。核果椭圆形，长1～1.6cm。花期4～6月，果期7～9月。

习　　性：喜温暖湿润气候，全光照及半阴条件下都生长良好，要求土层深厚、肥沃的中性或微酸性土壤。

观赏特性：树冠圆整，枝叶茂密，霜后部分叶变红色，红绿相间，颇为美丽。

园林应用：宜于草坪、坡地、林缘、庭前、路口丛植，也可栽作其它花木的背景树，或列植成绿墙起隐蔽遮挡及隔声作用。

32 秋枫（万年青树、赤木、茄冬、加冬、秋风子、木梁木） *Bischofia javanica* Bl. 大戟科

识别特征：三出复叶，总柄长8～20cm，小叶卵形至椭圆状卵形，长5～15cm，先端尖或短尾尖，基部楔形至宽楔形，边缘具钝齿，两面光滑无毛。花小，雌雄异株，圆锥花序腋生。果浆果状，球形或近球形，径0.5～1.3cm，熟时红褐色。花期4～5月，果期8～10月。

习　　性：喜阳光充足、温暖湿润气候，耐水湿，生长快。

观赏特性：树形高大挺拔，树冠圆整，树姿优美，叶色亮绿。

园林应用：优良的庭荫树和行道树。由于耐湿，可作堤岸绿化树种。

33 厚皮香（称杆红、珠木树、猪血柴、水红树）　*Ternstroemia gymnanthera* (Wight et Arn.) Beddome　山茶科

识别特征：高达 10m。叶革质或薄革质，集生枝顶，椭圆形、椭圆状倒卵形或长圆状倒卵形，长 5.5～9cm，宽 2～3.5cm，先端短渐尖或短尖，基部楔形，常全缘，侧脉两面不明显。花淡黄白色，常生于当年生无叶的枝上或叶腋；花梗长约 1cm；萼片 5，卵圆形；雄蕊约 50，花药较花丝长。浆果圆球形，成熟时紫红色，径 7～10mm，花柱、苞片、萼片均宿存。花期 7～8 月。

习　　性：喜阴湿环境及酸性土壤，也喜光，较耐寒，抗风力强，不耐修剪。

观赏特性：树冠浑圆，枝叶繁茂，层次感强，叶色光亮，叶肥厚，入冬转绯红。

园林应用：适宜种植在林缘、门庭两旁及道路转角等处，也可作厂矿区的绿化树种。

34 红千层（红瓶刷、金宝树、刷毛桢）　*Callistemon rigidus* R.Br.　桃金娘科

识别特征：叶互生，具透明油腺点，全缘，厚革质，线形或披针形。穗状花序，长约 10cm，似瓶刷状，生于枝顶；花瓣 5 枚，绿色，圆形，脱落；雄蕊多数，长约 2.5cm，鲜红色。蒴果半球形，直径 7mm。花期 6～8 月，果期 8～10 月。

习　　性：喜暖热气候及肥沃潮湿的酸性土壤，不耐寒，耐修剪。

观赏特性：树冠圆球形，株形飒爽美观，干形曲折苍劲，小枝密集成丛，花形奇特，花期长，花量大，色彩鲜艳，是优良的观赏花木。

园林应用：适于种植在花坛中央、行道两侧和公园及草坪处作园景树、行道树、观花树等。

35 大叶冬青（大苦酊、宽叶冬青、波罗树）*Ilex latifolia* Thunb.　　冬青科

识别特征：树皮灰黑色，粗糙；枝条粗壮，平滑无毛，幼枝有棱。叶厚革质，长椭圆形，顶端锐尖，基部楔形，主脉在表面凹陷，在背面显著隆起。聚伞花序密集于二年生枝条叶腋内。果实球形，红色或褐色；分核4。花期4月，果期9~10月。

习　　性：喜温暖湿润气候，在肥沃、疏松土壤上生长良好。

观赏特性：树体高大挺拔，枝叶秀丽，是庭园中的优良观赏树种。

园林应用：宜在草坪上孤植，门庭、墙际、园道两侧列植，或散植于叠石、小丘之上，也可作行道树、园景树等。

36 柚（柚子、雪柚、团圆果、抛、文旦、雷柚、气柑）*Citrus maxima* (Burm.) Merr.　　芸香科

识别特征：幼枝、叶下面、花梗、花萼及子房均被柔毛，刺较大。叶宽卵形或椭圆形，长8~20cm，宽4~8cm，叶缘有钝齿；叶柄具心形宽翅。花两性，白色，芳香，单生或簇生叶腋；萼片4~5浅裂；花瓣4~5；雄蕊20~30，花丝连生成数束。柑果球形、扁球形或梨形，径15~25cm，果皮海绵质，淡黄色。花期2~5月，果期9~10月。

习　　性：喜冬无严寒、温暖湿润气候。要求肥沃、疏松、排水良好的砾质壤土。不耐干旱瘠薄，但比较耐湿。

观赏特性：树形美观，叶大荫浓，果实硕大，花香扑鼻，为香花、观果树种。

园林应用：常作庭园观果树种，可植于亭、堂、院落之隅，或植于草坪边缘、湖边、池旁等，北方盆栽。

37 乔木茵芋（鸡肉果）*Skimmia arborescens* T. Anders. ex Gamble　　芸香科

识别特征：高达8m。叶常集生于枝顶，长圆形或倒卵状长圆形，长5~18cm，先端渐尖，基部楔形，全缘，两面无毛。花集生成顶生的圆锥花序；花瓣白色，芳香，长圆形至卵状长圆形。柑果球形，径6~8cm，黄色，熟时蓝黑色。花期4~6月，果期7~9月。

习　　性：喜光照充足、温暖气候，也稍耐荫，不耐寒。

观赏特性：叶片翠绿光亮，白色小花生长浓密，并散发出浓郁的芳香，是观叶、观花及观果的优良树种。

园林应用：常植于林缘、溪谷、路旁等处，也可作盆景。

| 38 龙眼（桂圆、圆眼、羊眼果树） | *Dimocarpus longan* Lour. | 无患子科 |

识别特征：幼枝及花序被星状毛。偶数羽状复叶，互生，小叶3~6对，长椭圆状披针形，长6~17cm，全缘，基部稍偏斜，表面侧脉明显。聚伞圆锥花序，花小，花瓣5，黄色。荔果近球形，径1.2~2.5cm，果皮稍粗糙，稀有微凸小瘤体。种子黑褐色，全为肉质假种皮所包被。花期3~6月，果期6~8月。
习　　性：喜暖热、湿润气候，不耐寒，在疏松肥沃的微酸性土壤上生长良好。
观赏特性：枝叶茂密，复叶荫浓。
园林应用：宜作庭园和四旁绿化树种，也是园林结合生产的良好树种。

| 39 清香木（昆明乌木、紫油木、对节皮、香叶树、紫叶、清香树） | *Pistacia weinmannifolia* J. Poisson ex Franch. | 漆树科 |

识别特征：高达8m；小枝具棕色皮孔，幼枝被黄色微柔毛。偶数羽状复叶，互生；小叶对生，4~9对，长圆形或倒卵状长圆形，长1.3~3.5cm，宽0.8~2.0cm，先端圆或微凹，全缘；叶轴具窄狭翅，上面具槽。圆锥花序腋生，花瓣5。核果球形，成熟时红色。果期8~10月。
习　　性：喜光树种，但亦稍耐荫，喜温暖，要求土层深厚，萌发力强，生长缓慢，寿命长。
观赏特性：树形美观，春天新枝生长时，叶呈红色，秋天红果累累，绿叶繁茂。
园林应用：常用作园景树，亦可作假山等的造景树。

| 40 金沙槭（金江槭、川滇三角枫、川滇三角槭、金河槭） | *Acer paxii* Franch. | 槭树科 |

识别特征：高达15m；小枝无毛。单叶对生，革质或厚革质，卵形、倒卵形或近圆形，长7~11cm，宽4~6cm，不裂或顶部3浅裂，基脉三出。杂性花组成伞房花序；花瓣5，白色。双翅果长3cm，小坚果凸出，翅张开成钝角，稀水平。花期3月，果期8月。
习　　性：喜温暖湿润气候。
观赏特性：树冠大，树形优美。
园林应用：可营造风景林及作庭荫树或行道树。

41 女贞(大叶女贞、白蜡树、冬青、桢木、青蜡树、大叶蜡树) *Ligustrum lucidum* Aiton　　木犀科

识别特征：高达10m。单叶对生，革质，宽卵形至卵状披针形，长6～17cm，顶端尖，基部圆形或阔楔形，全缘，无毛。圆锥花序顶生，长10～20cm，花白色，几无柄，花冠裂片与花冠筒近等长。核果长圆形，蓝黑色。花期5～7月，果期9～11月。

习　　性：喜温暖湿润气候，有一定的抗寒性，对土壤要求不严，适应性广。

观赏特性：树形整齐，枝叶茂密，叶浓绿光亮，夏季满树白花，是园林中常用观赏树种。

园林应用：可作行道树、风景树、庭荫树，也可作绿篱。其抗有毒气体能力较强，是工厂绿化的优良树种。

42 猫尾木(猫尾) *Dolichandrone cauda-felina* (Hance) Benth.et Hook.f.　　紫葳科

识别特征：高达15m；幼枝、幼叶及花序轴密被黄褐色柔毛。奇数羽状复叶长30～50cm；小叶7～11，无柄，长椭圆形或卵形，长12～29cm，顶端渐尖，基部阔楔形至近圆形，偏斜，全缘，顶生小叶柄长1～2cm。花大，直径10～14cm，花萼长约5cm，与花序轴均密被褐色绒毛；花冠黄色，长约10cm，冠筒红褐色，口部直径10～15cm，花冠筒基部直径1.5～2cm。蒴果长30～60cm，密被褐黄色绒毛。花期9～12月，果期翌年4～6月。

习　　性：喜光，喜暖热气候；常生于疏林边、阳坡。

观赏特性：叶大荫浓，花大色艳，果大奇特似猫尾，是优良的观花观果树种。

园林应用：常用作园景树、庭荫树或行道树，在热带地区多栽培作园林风景树。

43 桂花（木犀、岩桂、九里香、金粟） *Osmanthus fragrans* (Thunb.) Lour. 木犀科

识别特征：高可达12m；小枝无毛；芽叠生。单叶，对生，叶卵状披针形或椭圆形，长5～15cm，先端渐尖，基部楔形，全缘或上半部有细锯齿。花簇生叶腋或聚伞状；花小，黄白色，浓香。核果椭圆形，紫黑色。花期9～10月。

习　　性：喜光，但在幼苗期要求有一定的庇荫。喜温暖和通风良好的环境，不耐寒。适生于土层深厚、排水良好、富含腐殖质的偏酸性砂质壤土，忌碱性土和积水。

观赏特性：树冠卵圆形，枝叶浓绿，亭亭玉立，姿态优美，秋季开花，芳香四溢，是优良的观赏花木和芳香树。

园林应用：在园林中应用普遍，常作园景树，有孤植、对植，也有成丛成林栽植。在我国古典园林中，桂花常与建筑物、山、石相配，以丛生灌木型的植株植于亭、台、楼、阁等附近。

变　　种：
(1) 丹桂 *O. fragrans* var.*aurantiacua* Makino：花橘红色或橙黄色。
(2) 金桂 *O. fragrans* var.*thunbergii* Makino：花黄色至深黄色。
(3) 银桂 *O. fragrans* var.*latifolius* Makino：花近白色。
(4) 四季桂 *O. fragrans* var.*semperflorens* Hort.：花白色或黄色，花期5～9月，可连续开花数次。

丹桂

银桂

金桂

四季桂

44 董棕（青棕、假桄榔、果株、果榜）　　*Caryota urens* Linn.　　棕榈科

识别特征：高达 25m；茎黑褐色，具明显环状叶痕。叶长 5～7m，宽 3～5m；羽片宽楔形或狭的斜楔形，长 25～29cm，宽 5～20cm；叶鞘边缘具网状的棕黑色纤维。佛焰苞长 30～45cm；花序长 1.5～2.5m，具多数、密集的穗状分枝花序。果实球形至扁球形，径 1.5～2.4 cm，成熟时红色。花期 6～10 月，果期 5～12 月。
习　　性：喜阳光充足、高温、湿润的环境，较耐寒，要求疏松肥沃、排水良好土壤。
观赏特性：树形美观，植株高大，树干挺直，四季常绿，叶片排列十分整齐，是热带、南亚热带地区优良的观赏树种。
园林应用：宜作行道树及园林景观树，常于公园、绿地中孤植使用，能体现热带、南亚热带风情。

45 棕榈（拼榈、棕树、山棕）　　*Trachycarpus fortunei* (Hook.) H.Wendl.　　棕榈科

识别特征：树干圆柱形，被不易脱落的老叶和叶鞘解体成的网状纤维。叶掌状深裂，直径 50～70cm，裂片多枚，条形，顶端浅 2 裂，不下垂。肉穗花序排成圆锥花序式；花小，黄白色，雌雄异株。核果肾状球形，直径约 1cm，蓝黑色。花期 4 月，果期 12 月。
习　　性：喜暖热、湿润气候，较耐寒，要求肥沃、疏松的石灰性土壤或中性土。
观赏特性：树形优美，树干通直，叶形如扇，颇具热带风韵。
园林应用：常列植于庭院、园路两侧，也可于滨河湖畔配置等。

落叶乔木

46 银杏 （白果、公孙树、鸭脚子、鸭掌树、佛指甲、灵眼） *Ginkgo biloba* L.　　银杏科

识别特征：叶扇形，在长枝上螺旋状排列，在短枝上簇生，上部宽 5～8cm，有波状缺裂，叶脉叉状并列；叶柄长。雌雄异株，球花生于短枝顶端的叶腋或苞腋；雄球花柔荑花序状；雌球花具长柄，柄端 2 叉，叉端各生一个珠座（珠领），各具 1 胚珠。种子核果状，椭圆形，径约 2cm，熟时淡黄色或橙黄色，外被白粉，具三层种皮，外种皮肉质，中种皮骨质，内种皮膜质。花期 3～4 月，种子 9～10 月成熟。

习　　性：喜光树种，喜适当湿润而又排水良好的深厚砂质壤土；不耐积水，较耐干旱；耐寒性较强；寿命长，病虫害少。

观赏特性：树姿雄伟壮丽，叶形奇特、秀美，春夏翠绿，深秋金黄，观赏价值较高。

园林应用：可用作行道树、庭荫树、观赏树，亦常与槭类、枫香、乌桕等色叶树种混植点缀秋景，也可与松柏类树种混植。

47 金钱松 （金松、水树） *Pseudolarix amabilis* (Nelson) Rehd.　　松科

识别特征：叶条形，柔软，镰状或直，长 2～5.5cm，先端渐尖，下面中脉明显；叶在长枝上螺旋状排列，散生，在短枝上簇生，辐射平展成圆盘状，似铜钱，秋后叶呈金黄色或古铜色。雄球花簇生于短枝顶端，雌球花单生于短枝顶端，直立。球果卵圆形或倒卵形，长 5～7.5cm，径 4～5cm。种鳞卵状披针形，木质，熟时与中轴一同脱落。花期 4 月，球果 10 月成熟。

习　　性：喜温暖湿润气候和深厚、肥沃、排水良好的酸性土壤或中性土壤，不耐干旱瘠薄，耐寒而抗风，枝条坚韧，抗雪压。

观赏特性：树姿优美，叶在短枝上簇生，辐射平展成圆盘状，似铜钱，深秋叶色金黄，极具观赏性。

园林应用：可孤植或丛植于池边、溪旁，也可列植作园路树，与各种常绿针、阔叶树种混植点缀秋景，或组成纯林式树丛均可。幼树可作盆景。

48 池杉（池杉、沼杉、沼落羽松） *Taxodium ascendens* Brongn 松科

识别特征：树干基部膨大，常具曲膝状呼吸根，大枝向上伸展，树冠窄，尖塔形。叶锥形，长 4～10mm，前伸。球果圆球形或长圆形，长 2～4cm，径 1.8～3cm，熟时褐黄色，有短梗；种鳞宿存，木质，盾形，中部种鳞高 1.5～2cm；种子不规则三角形，微扁，红褐色，边缘有锐脊。花期 3～4 月，球果 10 月成熟。

习　　性：喜光，不耐荫，稍耐寒。常生于水边，喜湿润肥沃的土壤，适生于深厚疏松的酸性或微酸性土壤，抗风力强，萌芽力强。

观赏特性：树形婆娑，具膨大的曲膝状呼吸根；枝叶秀丽，鲜亮翠绿，秋叶棕褐色，观赏价值较高。

园林应用：适宜于公园、水滨、桥头、低湿草坪上列植、对植、群植、丛植、片植等，亦可植作行道树。

49 水杉 *Metasequoia glyptostroboides* Hu et Cheng 杉科

识别特征：树干基部常膨大。大枝不规则轮生，小枝对生或近对生，具长枝及脱落性短枝。叶和种鳞均交互对生。叶条形，长 8～3.5cm，排成二列，冬季与侧生无芽短枝一同脱落。雄球花单生叶腋或枝顶，有短梗，或多数组成总状或圆锥花序状；雌球花单生去年生枝顶或近枝顶。球果当年成熟，下垂，近圆球形，有长梗；种鳞木质，盾形，顶部扁菱形，有凹槽，基部楔形，宿存，发育种鳞具 5～9 种子，种子倒卵形，扁平，周围有翅，先端凹缺。

习　　性：喜光树种，喜温暖湿润气候，尤喜湿润而排水良好的土壤，不耐涝。

观赏特性：树干通直挺拔，树冠呈圆锥形，叶色翠绿，入秋后叶色金黄，是著名的庭院观赏树。

园林应用：可于公园、庭院中孤植、列植或群植，也可成片栽植营造风景林，还可栽于建筑物前或用作行道树等。

50 玉兰（白玉兰、木兰、玉堂春、迎春、应春、望春花） *Magnolia denudata* Desr. 木兰科

识别特征：小枝具有环状托叶痕。叶宽倒卵形至长圆状倒卵形，长 9～15cm，宽 6～10cm，先端宽圆或平截，具突尖的小尖头，基部楔形，侧脉 8～10 对；叶柄长 1～2.5cm，托叶痕为叶柄长 1/4～1/3。花先叶开放，白色，芳香，径 10～15cm；花被片 9。聚合蓇葖果圆柱形，长 8～12cm，蓇葖圆，木质，具白色皮孔；种子扁圆形，鲜红色。花期 2～3 月（亦常于 7～9 月再开一次花），果期 8～9 月。

习　　性：喜光，稍耐荫，颇耐寒；喜肥沃、湿润而排水良好的弱酸性土壤，亦能生长在碱性土中，忌水淹。

观赏特性：花大、洁白，早春白花满树，艳丽芳香，为我国著名的传统观赏植物。

园林应用：在园林、厂矿中孤植、散植，或于道路两侧作行道树等。

51 鹅掌楸（马褂木） *Liriodendron chinense* (Hemsl.) Sarg. 木兰科

识别特征：小枝具有环状托叶痕。叶倒马褂形，长 6～14cm，两侧各具 1 裂片，叶柄长 4～10cm。花冠杯状，径 5～6cm。聚合翅状坚果纺锤形，长 7～9cm，翅状小坚果长 0.6cm，狭条形，先端钝尖。花期 5 月，果期 9～10 月。

习　　性：喜光，适生于温凉、多雨、湿润气候，有一定耐寒性，生长迅速。

观赏特性：树干挺直，树冠伞形，叶形奇特，秋叶变黄，为珍贵观赏树种。

园林应用：可作行道树、庭荫树、孤植树或丛植于草坪、列植于园路，或与常绿针、阔叶树混交成风景林，也可在住宅区、街头绿地种植等。

| 落叶乔木 | 31

52 檫木（花楸树、鹅脚板、檫树、独脚樟、青檫、桐梓树、刷树） *Sassafras tzumu* (Hemsl.) Hemsl. 樟科

识别特征：叶卵形或倒卵形，长 9～18cm，先端渐尖，基部楔形，全缘或 2～3 浅裂，羽状脉或离基三出脉；叶柄长 2～7cm。总状花序长 4～5cm。核果近球形，径达 8mm，蓝黑色被白蜡粉；果托浅杯状；果柄长 1.5～2cm，上端增粗，与果托均为红色。花期 3～4 月，果期 5～9 月。

习　　性：畏严寒，忌积水，喜光，幼苗较耐荫；深根性，喜生于土层深厚、肥沃、排水良好之砂质土中，尤喜酸性红壤及黄壤土。

观赏特性：树干端直，树冠高耸，姿态清幽，叶大形奇，艳丽多彩，花、叶均具有较高的观赏价值。

园林应用：可用于庭园、公园栽植或用作行道树，也可用于山区造林绿化。适宜于庭前、台地及草坪边角配植等。

53 垂丝海棠 *Malus halliana* Koehne 蔷薇科

识别特征：高达 5m。小枝细，紫红褐色；树冠广卵形。叶互生，椭圆形至长椭圆形，长 3.5～8cm，宽 2.5～4.5cm，先端渐尖，基部楔形或近圆形，边缘具圆钝锯齿，叶柄长 0.5～2.5cm，基部具两个披针形托叶。花粉红色，4～7 朵组成伞形总状花序。梨果梨形或倒卵形，径 0.6～0.8cm，果梗长 2～5cm。花期 3～4 月，果期 9～10 月。

习　　性：喜光，不耐荫，也不甚耐寒；喜温暖湿润环境，适生于阳光充足、背风之处，对土壤要求不严，微酸或微碱性土壤均可成长，但以土层深厚、疏松、肥沃、排水良好、略带粘质的土壤中生长更好。

观赏特性：叶茂花繁，花色艳丽，嫩枝、嫩叶均紫红色，下垂；有重瓣、白花等变种，是著名的庭园观赏植物。

园林应用：在草坪边缘、水边湖畔群植，或在公园步道两侧列植或丛植，也可在门庭两侧对植，或在亭台周围、丛林边缘、水滨布置等。因垂丝海棠对二氧化硫有较强的抗性，故也适用于城市街道绿地和厂矿区绿化。

54 桃（毛桃、白桃）   *Amygdalus persica* L.   蔷薇科

识别特征：高达 8m。小枝红褐色或褐绿色，无毛。常 3 芽并生，中间为叶芽，两侧为花芽，有顶芽。叶椭圆状披针形，长 7～15cm，先端渐尖，基部阔楔形，缘有细锯齿。花粉红色，近无柄，子房和果实被短毛，外面有纵沟，果核有穴状窝点。花期 3～4 月，果期 6～9 月。

习　　性：喜光，不耐荫，耐干旱气候，有一定的耐寒力。对土壤要求不严耐贫瘠、盐碱，不耐积水及地下水位过高。

观赏特性：树体婆娑，花色艳丽，妩媚可爱，是极好的观赏花木。

园林应用：适合于多种环境栽植，如：山坡、水畔、墙际、庭院、草坪边缘等，园林中多以桃柳间植于水滨形成"桃红柳绿"的景色。

变　　型：(1) 紫叶桃 *A. persica* f. *atropurpurea* Schneid.：叶为紫红色，花为单瓣或重瓣，淡红色。
(2) 碧桃 *A. persica* f. *duplex* Rehd.：花淡红，重瓣。

碧桃

紫叶桃

55 冬樱花（冬海棠）   *Cerasus cerasoides* (D.Don) Sok.   蔷薇科

识别特征：高达 10m。腋芽单生。叶卵状披针形或长圆状披针形，长 6～12cm，宽 3～5cm，边缘具重锯齿或单锯齿，叶柄长 1～2cm，顶端有腺体。伞形总状花序，1～9 朵簇生，粉红色，花较小；花梗长 1～2cm，无毛，萼筒钟状，红色，无毛，花瓣 5 枚，圆卵形，先端微凹，淡粉红色。核果圆卵形，顶端圆钝，朱红色至紫黑色。花期 11 月～翌年 1 月，最早可在 10 月末开花，果期 3～4 月。

习　　性：喜温暖，以排水良好的肥沃土壤为佳。

观赏特性：体形高大，花盛开之际，满树繁花灿烂，是很好的城市绿化和园林风景树种。

园林应用：宜植于河、湖、溪岸，或谷地湿润处，或成片种植于大型公园、风景名胜区、郊野公园等。

56 云南皂荚（滇皂荚） *Gleditsia delavayi* Franch. 苏木科

识别特征：高达 18m，小枝被柔毛；茎干及老枝基部有粗刺。一回羽状复叶，幼树及萌发枝为二回羽状复叶，羽片 2～4 簇生，具 6～10 对小叶；叶轴上面下凹；小叶椭圆形或长圆状椭圆形，长 2.5～5.5cm，宽 1.3～1.8cm，先端圆形或微凹，基部宽楔形，偏斜，边缘具浅波状锯齿。花两性及杂性，总状花序或穗状花序；花瓣 3～4，雄蕊 10；子房具极短的柄。荚果带状，扁平，长 30～50cm，不规则旋扭或弯曲成镰刀状。花期 5～6 月，果期 11 月～翌年 1 月。

习　　性：喜光，稍耐荫。喜温暖湿润气候，有一定的耐寒能力。对土壤要求不严，耐盐碱，在干燥瘠薄的地方生长不良。深根性，生长慢，寿命较长。

观赏特性：秋季树上结满一串串的皂荚，像一把把绿闪闪的镰刀，随风摆动，颇有趣味。

园林应用：宜作庭荫树、行道树、风景区、丘陵地作造林树种及农村、郊区四旁绿化等。

57 红花羊蹄甲（羊蹄甲、红花紫荆、红紫荆、洋紫荆） *Bauhinia blakeana* Dunn 苏木科

识别特征：小枝被毛。叶近圆形或宽心形，先端 2 裂，裂片长约为叶长的 1/4～1/3，裂片先端钝或窄圆，基部心形；基出脉 11～13；叶柄被褐色短柔毛。总状花序，顶生或腋生，有时复合成圆锥花序；苞片和小苞片三角形；花蕾纺锤形；花萼佛焰状，有淡红或绿色条纹；花瓣红紫色，具短瓣柄；能育雄蕊 5；子房具长柄，被短柔毛。花期全年，3～4 月为盛花期。

习　　性：不耐寒，较耐旱，速生；对土壤要求不严，以土层深厚、肥沃、排水良好为宜。幼时喜湿耐荫，大树喜光。

观赏特性：树冠开展，枝叶低垂，花大而美丽，叶形奇特，为优良的观花观叶树种。

园林应用：宜列植于道路两旁或丛植于庭院中、建筑物前及草坪边缘等。北方可温室栽培观赏。

58 合欢（夜合花、绒花树、野花木、乌云树、洗手粉、马缨花） *Albizia julibrissin* Durazz. 含羞草科

识别特征：高达 16m。二回羽状复叶，互生，羽片 4～12 对，小叶镰状长椭圆形，中脉偏向上缘，两侧不对称，小刀形，长 6～13mm，宽 1.5～4mm；叶柄及叶轴顶端各具 1 腺体。头状花序排成伞房状；花淡红色，雄蕊多数，基部合生成管，长 2.5～4cm，白色，或粉红色如绒缨状。荚果带状，长 8～17cm，幼时被毛。花期 6～7 月，果期 8～10 月。

习　　性：喜光及温暖湿润气候，对土壤要求不严，能耐干旱、瘠薄、水湿等。

观赏特性：树形优美，叶形雅致，纤细如羽，夏季繁花满树，有色有香。

园林应用：宜作庭荫树、行道树，种植于林缘、房前、草坪、山坡、山林风景区等地。

59 银合欢（白合欢） *Leucaena leucocephala* (Lam.) de Wit 含羞草科

识别特征：高达 6m。二回羽状复叶，叶柄长，具腺体；羽片 4～8 对，长 5～9 (16)cm；小叶 5～15 对，长 7～13mm，先端急尖，基部楔形，中脉偏向小叶上缘，两侧不等宽。头状花序常 1～2 个腋生，直径 2～3cm；总花梗长 2～4cm；花白色，花瓣狭倒披针形，长约 5mm；雄蕊 10，分离；子房具短柄。荚果带状，长 10～18cm。花期 4～7 月，果期 8～10 月。

习　　性：喜光，耐干旱瘠薄，根深，抗风力强，萌芽力强；成熟植株具有较强的抗冻能力。

观赏特性：树姿优美，花繁叶茂，抗旱力强，为园林绿化常用树种。

园林应用：可作行道树、庭荫树、孤植树等，也可作高速公路边坡绿化及土壤改良树种等。

60 白辛树（鄂西野茉莉、裂叶白辛树、刚毛白辛树） *Pterostyrax psilophyllus* Diels ex Perkins 安息香科

识别特征：高达20m。嫩枝被星状毛。单叶互生，椭圆形、倒卵形或倒卵状长圆形，长5~15cm，宽5~9cm，先端急尖或渐尖，基部楔形，边缘具细锯齿，疏被星状毛。花白色，花序梗、花梗和花萼均密被黄色星状毛，花梗与花萼之间有1关节；花冠大，长12~14mm；雄蕊10，近等长。核果纺锤形，长2.5cm，具5~10棱，密被灰色长毛。花期4~6月，果期7~10月。

习　　性：喜光树种，喜湿，适生于酸性土壤。生长迅速。

观赏特性：树形雄伟挺拔，叶形奇特，花香。

园林应用：可用于庭园绿化，也可作低湿地造林或护堤树种。

61 狭果秤锤树（江西秤锤树） *Sinojackia rehderiana* Hu 安息香科

识别特征：高达5m；嫩枝被星状短柔毛。叶互生，纸质，倒卵状椭圆形或椭圆形，长5~9cm，嫩叶两面均密被星状短柔毛，成长后仅叶脉被星状短柔毛，网脉明显。总状聚伞花序疏松，有花4~6；花白色；花冠5~6裂；子房下位，3室。核果椭圆形，圆柱状，具长渐尖的喙。花期4~5月，果期7~9月。

习　　性：喜光树种，喜深厚、肥沃、排水良好的砂质壤土，不耐旱，忌水淹。

观赏特性：花白色，美丽，果实形似秤锤，是优良的观花观果树木。

园林应用：可群植于山坡或与常绿树配植，也可盆栽制作盆景观赏。

62 灯台树（女儿木、六角树、瑞木）　　*Swida controversa* (Hemsl.) Pojark.　　山茱萸科

识别特征：高达20m。叶互生，纸质，集生于枝顶，宽卵形或宽椭圆形，长6～13cm，宽3.5～9cm；叶柄长2～6.5cm。伞房状聚伞花序顶生；花小，白色；萼齿三角形；花瓣4，长披针形；雄蕊伸出，长4～5mm，无毛；子房下位，倒卵圆形，密被灰色贴伏的短柔毛。核果球形，紫红色至蓝黑色，直径6～7mm。花期5～6月，果期7～9月。

习　　性：喜温暖气候及半荫环境，适应性强，耐寒、耐热、生长快，宜在肥沃、湿润及疏松、排水良好的土壤中生长。

观赏特性：树形优美，枝条紫红色，绿叶繁茂，白花典雅，观赏价值较高。

园林应用：可作行道树、庭荫树、孤植树、背景树等，有"绿化珍品"之称。

63 喜树（旱莲、千丈树）　　*Camptotheca acuminata* Decne　　蓝果树科

识别特征：单叶互生，椭圆形至长卵形，长8～20cm，先端突渐尖，基部广楔形，全缘（萌蘖枝及幼树枝之叶常疏生锯齿）或微呈波状，羽状脉弧形而在表面下凹；叶柄长1.5～3cm，常带红色。花单性同株，头状花序具长柄，雌花序顶生，雄花序腋生；花萼5裂，花瓣5，淡绿色；雄蕊10，子房1室。瘦果有窄翅，长2～2.5cm，集生成球形。花期7月，果期10～11月。

习　　性：喜温暖湿润气候，不耐干燥、寒冷。喜肥沃、湿润土壤，不耐干旱瘠薄，在酸性、中性、弱碱性土壤中均能生长。

观赏特性：树姿高大雄伟，枝多叶浓，花色清雅，果形奇特，是优良的园林树种。

园林应用：适于公园、庭园作绿荫树、在树丛、林缘与常绿阔叶树混植或孤植于宅旁、湖畔等。

64 珙桐（鸽子树、空桐、水梨子） *Davidia involucrata* Baill. 珙桐科

识别特征：叶互生，宽卵形或圆形，长9～15cm，先端骤尖，基部心形。花杂性同株，由一朵两性花或雌花和多数雄花或全为雄花组成头状花序，头状花序的基部具2枚大型白色叶状苞片，苞片倒卵状长圆形，长8～15cm。核果单生，长圆形，长3～4cm，紫绿色，内含3～5核。花期4～5月，果期10月。

习　　性：喜阴湿环境及中性或微酸性腐殖质深厚土壤，在强光及干燥的环境生长不良。

观赏特性：树形高大，花盛时如满树白鸽栖息，故有"鸽子树"之称。

园林应用：宜植于庭院、山坡阴面、休疗养所、宾馆、展览馆前作庭荫树等。

变　　种：光叶珙桐 *Davidia involucrata* var. *vilmoriniana* (Dode) Wanger.：叶仅背面脉上及脉腋有毛，其余无毛。

光叶珙桐

65 枫香（枫树、路路通） *Liquidambar formosana* Hance 金缕梅科

识别特征：高达30m；树冠广卵形或略扁平。单叶，互生，宽卵形，常为掌状3裂，长6～12cm，基部心形或截形，裂片先端尖，缘有锯齿；幼叶有毛，后渐脱落。头状果序球形，径3～4cm，蒴果下部藏于果序轴内，具有宿存针刺状萼齿及花柱。花期3～4月，果期10月。

习　　性：喜温暖湿润气候，耐寒能力不强，不耐湿，对二氧化硫和氯气抗性较强，不耐修剪，不耐移植。

观赏特性：树干通直，树冠宽大，气势雄伟，深秋"霜叶红于二月花"，是著名的园林绿化、风景林树种。

园林应用：常作庭荫树、行道树等，或于草地孤植、丛植，或于山坡、池畔与其它树木混植。因其对有毒气体具有较强的抗性，可用于厂矿区绿化。

66　二球悬铃木（英国梧桐）　　*Platanus × acerifolia* (Ait.) Willd.　　悬铃木科

识别特征：幼枝、幼叶密生褐色星状毛；具柄下芽。叶掌状 3～5 裂，有时 7 裂，中部宽三角形，长宽约相等；裂片全缘或具 1～2 粗齿，叶缘有齿牙，掌状脉；托叶圆领状。花序头状，黄绿色。多数坚果聚合呈球形，常 2 个串生，宿存花柱长 2～3 mm，绒毛不突出。花期 4～5 月，果期 9～10 月。

习　　性：喜光树种，喜温暖气候，较耐寒，对土壤适应能力强，耐干旱、瘠薄。繁殖容易，生长迅速，具有极强的抗烟尘能力。

观赏特性：树形雄伟端正，树冠广阔，干皮光洁，叶大荫浓。

园林应用：因其对城市环境适应能力极强，有"行道树之王"的美称，世界各国广为应用。

67　藏川杨（高山杨）　　*Populus szechuanica* Schneid. var. *tibetica* Schneid.　　杨柳科

识别特征：高达 40m；幼枝具棱，老枝圆。芽被毛，有粘质。叶互生，长 11～20cm，先端急尖或短渐尖，基部近心形或圆形，初时两面有短柔毛，后仅沿脉多少有柔毛或近光滑，边缘具圆腺齿。果序长 10～20cm，蒴果卵状球形，长 7～9mm，光滑，四瓣裂；种子具白色丝状毛。花期 4～5 月，果期 5～6 月。

习　　性：喜光树种。对土壤要求不严，能耐干旱瘠薄，耐寒性较强。

观赏特性：树冠卵圆形，树干挺拔，树皮灰白。

园林应用：可作行道树、庭荫树等。

| 落叶乔木 | 39

68 垂柳 (水柳、垂丝柳、清明柳、倒杨柳、柳树、垂杨柳)   *Salix babylonica* L.   杨柳科

识别特性：小枝细长下垂；芽具有柔毛。叶互生，狭披针形，长 9 ~ 16cm，宽 5 ~ 15(20)mm，边缘具腺锯齿。柔荑花序先叶开放；花序轴、苞片有柔毛；雄蕊 2；子房无毛或下部稍有毛，无柄或近无柄。蒴果长 3 ~ 4mm。花期 3 ~ 4 月，果期 4 ~ 5 月。

习　　性：喜光，喜温暖湿润气候，较耐寒；对土壤要求不严，适生于湿润的酸性至中性土壤。

观赏特性：枝条细长，柔软下垂，随风飘舞，姿态优美潇洒。

园林应用：可作庭荫树，孤植于草坪、水滨、桥头，亦可对植于建筑物两旁，列植作行道树、园路树、公路树等。

69 旱冬瓜 (蒙古桤木、西南桤木、尼泊尔桤木)   *Alnus nepalensis* D.Don   桦木科

识别特征：单叶，互生，叶椭圆状倒卵形或椭圆形，长 4 ~ 15cm，宽 2 ~ 10cm，先端骤渐尖或钝尖，基部楔形或近圆形，全缘或具稀疏锯齿，侧脉 8 ~ 13 对；叶柄长 1 ~ 2cm。雌、雄花序均多数，排成圆锥状。果序多数，呈圆锥状，果序梗长 2 ~ 3mm；果翅宽约为小坚果的 1/2，稀近等宽。花期 3 ~ 4 月，果期翌年 9 ~ 10 月。

习　　性：喜光，适生于温暖湿润气候，能耐干旱瘠薄。

观赏特性：树冠开展，枝叶茂密，是很好的庭园树种。

园林应用：可作庭荫树，也可丛植为纯林或与松类混植。

70 西南桦 （西桦、蒙自桦树、化桃木、广西桦、滇桦） *Betula alnoides* Buch.-Ham. ex D. Don 桦木科

识别特征：树皮红褐色；小枝被白色长柔毛和腺体。叶互生，卵形或卵状长圆形，长 5～12cm，宽 3～6cm，先端渐尖，基部楔形或近圆形，边缘具不规则刺毛状重锯齿，侧脉 10～13 对；叶柄长 1～3cm，被柔毛及腺体。果序 2～5 排成总状，长 5～12cm，径 4～6mm，密被黄色长柔毛；果苞侧裂片耳状，不发育；果翅宽约为小坚果的 2 倍，露出果苞外。花期 6～7 月，果期 8～9 月。

习　　性：喜光，适生于暖湿地带，耐霜冻。

观赏特性：树形高大，枝叶茂密，果序下垂，膜质果翅轻柔透明。

园林应用：可孤植点缀于各种园林绿地中，或列植作行道树。

71 栓皮栎 （软木栎、粗皮栎、白麻栎、粗皮青冈） *Quercus variabilis* Blume 壳斗科

识别特征：树皮木栓层发达。叶长椭圆状披针形，长 8～19cm，宽 3～6cm，先端渐尖，具芒状锯齿，老叶下密被灰白色星状毛。雄花序长 6～12cm，雌花序有 1～3 花。壳斗杯状，包坚果约 1/2，苞片钻形，反曲，被灰白色绒毛。坚果卵形或椭圆形，径 1.5～2cm，高 1.7～2.2cm，顶端圆形，果脐隆起。花期 3～4 月，果期翌年 9～10 月。

习　　性：为喜光树种，但幼苗能耐荫，对土壤要求不严，适应性广。抗旱及抗风力强。

观赏特性：主干耸直，树冠广展，分枝较高，树皮粗糙，秋叶橙褐，季相变化明显，是良好的绿化观赏树种。

园林应用：孤植、丛植或与其它树混交成林均甚适宜。因根系发达，适应性强，树皮不易燃烧，又是营造防风林、水源涵养林及防护林的优良树种。

72 胡桃（新疆核桃、核桃、羌桃）　*Juglans regia* L.　胡桃科

识别特征：小枝髓心片状分隔。奇数羽状复叶，长 25～30cm，小叶 5～9，小叶片椭圆状卵形至长椭圆形，长 5～13cm，先端钝圆或微尖，全缘，幼叶具齿，无毛，侧脉 11～14 对，顶生小叶具柄。单性花，雌雄同株。核果圆球形，无毛，径 4～6cm；果核具两纵棱及皱状刻纹，顶端具尖头。花期 5 月，果期 10 月。

习　　性：喜凉爽气候，适宜肥厚、疏松、排水性好的微酸性至石灰质土壤；深根性，寿命长。

观赏特性：树冠广展，树形整齐，枝繁叶茂。

园林应用：可作独赏树，在园林中常孤植或群植。

73 化香树（花香木、还香树、皮杆条、山麻柳、栲香）　*Platycarya strobilacea* Sieb. et Zucc.　胡桃科

识别特征：高达 20m。树皮灰色，浅纵裂。奇数羽状复叶长 15～30cm；小叶 7～19，卵状长椭圆形，长 5～14cm，缘有重锯齿，基部歪斜。果序球果状，果苞内生扁平有翅小坚果。花期 5～6 月；果期 10 月。

习　　性：喜温暖湿润气候，对土壤要求不严，在酸性、中性、钙质土壤中均可生长，耐干旱瘠薄，深根性，萌芽力强。

观赏特性：树姿优美，枝叶茂密，果序球果状，经久不落，极具观赏价值。

园林应用：可作庭荫树、行道树或作风景树大片造林，亦可作园林绿化中的点缀树种应用。

74 四蕊朴 （滇朴、沙糖蒿、石朴、昆明朴、西藏朴、凤庆朴） *Celtis tetrandra* Roxb. 榆科

识别特征：高达30m。叶厚纸质至近革质，卵状椭圆形或长椭圆形，长5～13cm，宽3～5.5cm，基部偏斜，先端渐尖至短尾状渐尖，边缘近全缘或具钝齿。核果2～3生于叶腋，果柄长7～17mm；成熟时黄色至橙黄色，近球形，径8mm。花期3～4月，果期9～10月。

习　　性：喜光，稍耐荫，喜温暖气候及肥沃、湿润土壤，抗烟尘及有毒气体。

观赏特性：树冠宽广，绿荫浓郁，姿态优美。

园林应用：可作庭荫树，孤植或丛植于草坪、池畔、坡地及园路旁均宜。

75 榔榆 （桥皮榆、小叶榆、秋榆、掉皮榆、豹皮榆、构树榆、红鸡油） *Ulmus parvifolia* Jacq. 榆科

识别特征：叶窄椭圆形或卵形，长1.5～5.5cm，宽1～3cm，先端短尖或略钝，基部偏斜，单锯齿，幼树及萌芽枝之叶为重锯齿，侧脉10～15对，上面无毛有光泽，下面幼时被毛，叶柄长2～6mm。花秋季开放，簇生于当年生枝叶腋；花萼4裂至基部或近基部。翅果椭圆形或卵形，长0.9～1.2cm，果核位于翅果中央。花果期8～10月。

习　　性：喜光树种，喜光稍耐荫，喜温暖气候及较湿润、肥沃之土壤，也较耐干旱瘠薄，在酸性、中性及石灰质土上均能生长。

观赏特性：姿态潇洒，树皮斑驳，枝纤细下垂，具有较高的观赏价值。

园林应用：宜孤植作庭荫树，于池畔、溪边、亭树角隅或山石间配置均适宜，也可作行道树或制作成盆景等。

| 76 | 黄葛树（大叶榕、黄葛榕、雀树、马尾榕） | *Ficus virens* Aiton var. *sublanceolata* (Miq.) Corner | 桑科 |

识别特征：植体常有白色乳汁。叶薄革质，长达20cm，宽4～6cm，先端渐尖，基部钝圆，全缘，两面无毛，侧脉每边7～10；托叶早落，形成环状托叶痕。隐花果单生或成对生于落叶枝的叶腋，球形，径8～10mm，熟时紫红色，无花序梗，基部苞片3，宿存。花期4～6月，果期7～11月。

习　　性：喜光，耐水湿，多生于溪边及疏林中。

观赏特性：树冠庞大，浓荫如盖，新叶绽放后鲜红色的托叶纷纷落地，甚是美观，是优良的观叶树种。

园林应用：宜栽作庭荫树及行道树。

| 77 | 杜仲（思仲、木棉、思仙） | *Eucommia ulmoides* Oliver | 杜仲科 |

识别特征：植株各部具丝状胶质。单叶互生，椭圆形、卵形或长圆形，长6～15cm，宽3.5～6.5cm，边缘具锯齿，老叶表面网脉下陷，皱纹状。翅果扁平，长椭圆形，长3～3.5cm，宽1～3cm。早春开花，秋后果实成熟。

习　　性：喜温暖湿润气候及肥沃、湿润、深厚而排水良好之土壤，对土壤要求不严，适应性较强，并有较强的抗寒能力。

观赏特性：树干端直，枝叶繁茂，树形整齐优美。

园林应用：可作庭荫树和行道树，亦可在草地、池畔等处孤植或丛植等。

78 伊桐（栀子皮、野厚朴、盐巴树、木桃果、牛眼果、白心树） *Itoa orientalis* Hemsl.　大风子科

识别特征： 叶互生，有时近对生，椭圆形或长圆形，长15～30cm，宽5～8cm，先端渐尖，基部圆或心形，边缘具粗锯齿，侧脉10～21对，下面明显；叶柄长2～6cm，被毛。花单性异株，雄花序为直立的圆锥花序，长达15cm；雌花单朵顶生或腋生。蒴果卵圆形，长8～9cm，6～8瓣裂。花期5～6月，果期9～10月。

习　　性： 喜温暖湿润气候，好生于山麓肥沃之地，能耐一定干旱。

观赏特性： 树形美丽，叶较大，秋冬叶色变黄，春夏叶翠绿；木质蒴果金黄色，经久不落。

园林应用： 在园林中可混植于树丛内，或作庭荫树、行道树、园景树等。

79 梧桐（青桐、桐麻、棕桐） *Firmiana platanifolia* (Linn.f.) Marsili　梧桐科

识别特征： 高达15m；树皮青绿色。叶心形，径达30cm，掌状3～7裂，裂片卵形，中裂片两侧与相邻裂片的一侧重叠，基部心形，基生脉7条；叶柄与叶片近等长。圆锥花序顶生，长约20～50cm；萼片条形，黄绿色，长7～9mm，反曲，被毛；子房被毛。蓇葖果膜质，果皮开裂成叶状，匙形，长6～11cm，宽1.5～2.5cm，网脉显著，外被短绒毛或近无毛；种子2～4颗，径约7mm。花期6月。

习　　性： 喜温暖气候及肥沃而深厚土壤，不宜栽于低洼积水地及碱性土。深根性，萌芽力弱，不耐修剪，落叶期早。

观赏特性： 树干端直，树皮平滑绿色，叶大形美，绿荫浓密，洁净可爱，为我国传统庭荫树。

园林应用： 适于孤植庭前宅后，亦可丛植路边、草坪及坡地，列植湖畔、园路两边及街坊。因对二氧化硫和氟化氢有较强抗性，也是工矿区的优良绿化树种。

| 80 木棉 | （英雄树、攀枝花、烽火树、红棉、斑芝棉） | *Bombax malabaricum* DC. | 木棉科 |

识别特征：大乔木，幼树树干及枝条具圆锥状粗刺。掌状复叶互生，小叶 5～7，卵状长椭圆形，长 7～17cm，先端近尾尖，基部楔形，小叶柄长 1.5～4cm。花单生枝顶叶腋，红色或橙红色，径约 10cm；花萼厚，杯状；花瓣 5；雄蕊多数，合生成短管。蒴果长椭圆形，长 10～15cm，木质，5 瓣裂，内面密被长绵毛。花期 3～4 月，果夏季成熟。

习　　性：喜光，喜温暖气候，不耐寒。喜深厚肥沃土壤，耐干旱，稍耐湿，忌积水，贫瘠地生长不良。萌芽力强，深根性。树皮厚，耐火烧。抗风力强，抗污染能力强。生长快，寿命长。

观赏特性：树体高大雄伟，先花后叶，花大艳丽，是适生区主要的园林树种。

园林应用：可作庭园观赏树或行道树等。

| 81 乌桕 | （桕树、木蜡树、木油树、木梓树、虹树、蜡烛树、乌桕木、乌果树、蜡子树） | *Sapium sebiferum* (L.) Roxb. | 大戟科 |

识别特征：叶菱状卵形，长 5～9cm，先端渐尖或长尖，基部宽楔形，叶柄细长，顶端有 2 腺体。花单性同序，组成复总状花序，黄绿色。蒴果 3 棱状球形，径约 1.5cm，熟时黑褐色，3 裂，果皮脱落；种子被白色蜡质。花期 4～8 月。

习　　性：喜光，耐寒性不强；对土壤适应性较强，以深厚湿润肥沃的冲积土生长最好，土壤水分条件好生长旺盛；能耐短期积水，亦耐旱。

观赏特性：树冠整齐，叶形秀丽，入秋叶色红艳可爱。

园林应用：宜庭园、公园、绿地孤植、丛植或群植，也可于池畔、溪流旁、建筑周围种植或作庭荫树，还可与各种常绿或秋景树种混植。

82 石榴（安石榴、海榴、山力叶、丹若、若榴木） *Punica granatum* Linn. 石榴科

识别特征：幼枝近圆形或四棱形，枝端通常呈刺状，光滑无毛。单叶，通常对生，长圆状披针形，长2～8cm。花大，生于枝顶或叶腋，朱红色；花萼钟形，萼筒长2～3cm，红黄色或红色，顶端5～7裂，质厚。浆果近球形，径5～12cm，古铜黄色或古铜红色，具宿存花萼裂片；种子多数，有肉质外种皮。花期5～6月，果期7～8月。

习　　性：喜光，喜温暖气候；喜肥沃湿润而排水良好之石灰质土壤。

观赏特性：树姿优美，叶碧绿而有光泽，花色艳丽如火而花期极长，是观花观果好树种。

园林应用：最宜成丛配置于自然风景区，又宜盆栽观赏。

83 铜钱树（鸟不宿、钱甲树、金钱树、摇钱树、刺凉子） *Paliurus hemsleyanus* Rehd. 鼠李科

识别特征：高达13m。小枝黑褐色或紫褐色，无毛。叶互生，纸质或厚纸质，宽椭圆形、卵状椭圆形或近圆形，长4～12cm，宽3～9cm，顶端长渐尖或渐尖，基部偏斜，边缘具圆锯齿或钝细锯齿，基生三出脉。聚伞花序或聚伞圆锥花序；花瓣匙形，雄蕊长于花瓣；花盘五边形，5浅裂；子房3室，每室具1胚珠。核果草帽状，周围具革质宽翅，红褐色或紫红色，无毛，径2～3.8cm。花期4～6月，果期7～9月。

习　　性：喜光亦稍耐荫，好湿润又耐干旱；不择土壤而耐瘠薄，能在风化程度低的石砾上生长；根系不深，但侧根发达，萌蘖力强。

观赏特性：翅果奇特，似铜钱，观赏性强。

园林应用：为防护绿篱好材料，亦可孤植赏其果。昔日多植于庭院象征家有铜钱和招财进宝，称为摇钱树。

84　君迁子（软枣、黑枣、牛奶柿）　　*Diospyros lotus* Linn.　　柿树科

识别特征：高 15m。小枝有短柔毛。叶椭圆形至长圆状椭圆形，长 6～12cm，宽 3.5～5.5cm，下面近白色。花浅橙色或淡绿色，单性，雌雄异株，簇生叶腋。浆果球形或近球形，径 1.2～1.8cm，幼时橙色，熟时变蓝黑色，外被白粉；宿存萼先端钝圆形。花期 5～6 月，果期 10～11 月。

习　　性：喜阳光充足，土层深厚的环境；适应性强，深根性，寿命长。

观赏特性：树干挺直，树冠圆整，是良好的庭园树。

园林应用：适合做庭荫树和行道树。

85　川楝（川楝子、金铃子、川楝实、唐苦楝）　　*Melia toosendan* Sieb. et Zucc.　　楝科

识别特征：高达 25m。二回羽状复叶，叶具长柄，连柄长常在 45cm 以上，被细柔毛；一回羽片具小叶 3～5，对生；小叶膜质，全缘或具不明显钝齿，椭圆状披针形，先端长渐尖，长 4～10cm，宽 2～4.5cm。圆锥花序聚生于小枝顶部，长约为叶的 1/2，花淡紫色或白色，密集；花瓣匙形，长 1～1.3cm；子房近球形，6～8 室。核果大，成熟时淡黄色，椭圆状球形，长 2.5～4cm，径 2～3cm；果皮薄，核 6～8。花期 3～4(7) 月，果期 8～11 月。

习　　性：喜温暖湿润气候；对土壤要求不严，在酸性、碱性及盐渍化土壤上均能生长。根蘖性、萌发性较强。

观赏特性：树形伟岸挺拔，花芳香；果成熟时有黄绿色、黄色，从开花期到结果期都具有较高的观赏性。

园林应用：可作为城市道旁景观树、庭荫树、行道树等。

86 红椿（红棟子）　　*Toona ciliata* Roem.　　棟科

识别特征：高达 30m。偶数羽状复叶，长 25～40cm；小叶 14～16，对生，长圆形或长圆状披针形，长 8～15cm，上面仅脉腋被毛，先端尾尖，基部两侧不对称。圆锥花序顶生；雄蕊 5，全育；花盘与子房等长，被粗毛。蒴果椭圆形，长 2～3.5cm。种子扁平，两端具膜质长翅。花期 4～6 月，果期 10～12 月。

习　　性：喜温暖，稍耐荫，喜深厚、肥沃、湿润、排水良好的酸性及中性土壤。

观赏特性：树干挺拔，枝叶浓密，遮荫效果好，花序大而芳香。

园林应用：宜作庭院观赏树、行道树或在广场列植。

87 复羽叶栾树（风吹果）　　*Koelreuteria bipinnata* Franch　　无患子科

识别特征：高达 20m。二回羽状复叶，长 45～70cm，羽片 5～10 对，每羽片有小叶 5～17；小叶斜卵形，长 3.5～7cm，宽 2～3.5cm，边缘有小锯齿，下面密被柔毛，叶轴和叶柄被短柔毛。大型圆锥花序，长 40～65cm，开展，花瓣长 6～9mm，有爪。蒴果椭圆形或近球形，具 3 棱，红色，长 4～7cm，先端钝或圆，果瓣椭圆形到近圆形，膜质，有网纹。种子球形，径 6mm。花期 7～9 月，果期 8～10 月。

习　　性：喜光，喜温暖湿润气候，深根性，适应性强，耐干旱、抗风、抗污染、速生。

观赏特性：树冠大，荫浓，花黄满树，果红色，膜质果皮膨大如小灯笼，是优良的观叶、观果树种。

园林应用：作庭荫树、行道树及园景树，同时也作为居民区、工厂区及村旁绿化树种。

88 川滇无患子（皮哨子、云南无患子、皮皂子、油皂子） *Sapindus delavayi* (Franch.) Radlk. 无患子科

识别特征：高达 10m；小枝圆柱状，被微柔毛。偶数羽状复叶长达 35cm，有小叶 4～7 对；小叶对生或互生，纸质，卵形至长圆形，长 6～12cm，宽 2.5～5.5cm，基部明显偏斜；小叶柄长 4～7mm。圆锥花序长达 16cm，花黄白色，花瓣 4。核果球形，径约 2cm，果皮肉质，具未发育的子房残基；种子与果同形，黑色。花期 6～7 月，果期 8～10 月。

习　　性：喜光，稍耐荫，耐寒能力强。对土壤要求不严，生长快，寿命长。

观赏特性：树干通直，枝叶广展，绿荫稠密；秋叶金黄，羽叶秀丽；果实累累，橙黄美观，是优良的观叶、观果树种。

园林应用：可作行道树、庭荫树、孤赏树、背景树等。

89 黄连木（木黄连、楷木、黄华、黄连茶、药木、楷树、公鸡树） *Pistacia chinensis* Bunge 漆树科

识别特征：高达 30m；树冠近圆球形。偶数羽状复叶，小叶 5～7 对，披针形或卵状披针形，长 5～9cm，先端渐尖，基部偏斜，全缘。花单性，雌雄异株，圆锥花序，雄花序淡绿色，雌花序紫红色。核果径约 6mm，初为黄白色，后变红色至蓝紫色。花期 3～4 月，先叶开放；果期 9～11 月。

习　　性：喜光，稍耐荫，畏严寒，耐干旱瘠薄，对土壤要求不严，对微酸性、中性或微碱性的砂质、粘质土壤均能适应。深根性，萌蘖力强，生长缓慢。

观赏特性：树冠浑圆，树姿雄伟，干直枝展，叶茂且秀，入秋叶变红，是美丽的季相树。

园林应用：作庭荫树、行道树，丛植于草坪、湖边、亭阁之旁甚相宜；亦可与常绿树种配置点缀秋景，更宜与槭类、枫香等色叶树种混植成风景林，效果更佳。

90 鸡爪槭（鸡爪枫、青枫、雅枫、槭树） *Acer palmatum* Thunb. 　　槭树科

识别特征：高达10m；树冠扁圆形或伞形；小枝光滑，细长，紫色或灰紫色。单叶对生，叶纸质，近圆形，宽7～10cm，基部心形或近心形，掌状分裂5～9，常7裂，裂片长圆状卵形或披针形，先端锐尖，裂片深达叶片直径的1/2或1/3；叶柄长4～6cm。花紫色，伞房花序。双翅果幼时紫红色，熟时淡棕黄色；翅果连翅长2～2.5cm，展开成钝角，果核球形。花期3～5月，果期7～10月。

习　　性：喜温暖气候，适生于半荫环境，要求疏松、肥沃之地。不耐水涝，较耐干燥，在阳光曝晒及潮风影响的地方生长不良。

观赏特性：叶形美观，色艳如花，灿烂如霞，为优良的观叶树种。

园林应用：植于草坪、土丘、溪边、池畔和路隅、墙边、亭廊、山石间点缀，均十分得体，若以常绿树或白粉墙作背景衬托，尤感美丽多姿，制成盆景或盆栽用于室内美化也极雅致。

品　　种：

(1) 红枫（红槭、紫红鸡爪槭）'Atropurpureum'：叶深裂几达叶片基部，裂片长圆状披针形，叶红色或紫红色。枝条紫红色，叶掌状裂，终年呈紫红色。

(2) 细叶鸡爪槭（羽毛枫、羽毛槭、塔枫）'Dissectum'：叶掌状深裂达基部，为7～11裂，裂片又羽状分裂，具细尖齿。树冠开展，枝略下垂。

(3) 深红细叶鸡爪槭（红细叶鸡爪槭、红羽毛枫）'Ornatum'：外形同细叶鸡爪槭，但叶片呈紫红色。

鸡爪槭

红枫

细叶鸡爪槭　　　　　深红细叶鸡爪槭

| 落叶乔木 | 51

91　云南七叶树（娑罗树）　　Aesculus wangii Hu　　七叶树科

识别特征：高 15～20m。掌状复叶，对生；叶柄长 8～17cm；小叶 5～7，纸质，披针形或倒披针形，长 12～18cm，宽 5～7.5cm，边缘具突尖的细锯齿。圆锥花序顶生，长 35～40cm，有黄色微柔毛；花梗长 3～5mm。蒴果扁球形，径 6～7.5cm，果壳薄，具疣状突起，常 3 裂。花期 4～5 月，果期 10 月。

习　　性：喜光树种，耐旱，在岩石缝隙中亦能生长，生长迅速。

观赏特性：树干通直，树冠圆伞形，花大叶美。

园林应用：是极好的行道树和庭园树种，可布置在草坪、边坡、湖畔、园路等处，既可孤植也可群植，或与常绿阔叶树混植等。

92　滇楸（紫花楸、楸木、光灰楸、紫楸）　　Catalpa fargesii f. duclouxii (Dode) Gilmour　紫葳科

识别特征：高达 25m。叶对生，卵形，厚纸质，长 13～20cm，宽 10～13cm，先端渐尖，基部圆形至微心形，基部 3 出脉，全缘，背面基部脉腋间有紫色腺斑。顶生伞房花序，7～15 花；萼齿 2，卵圆形；花冠淡红色或淡紫色，二唇形，上唇 2 裂，下唇 3 裂。蒴果圆状线形，细长下垂，长达 80cm，果皮革质，2 裂。花期 3～5 月，果期 6～11 月。

习　　性：喜光，深根性，喜温凉气候及湿润深厚中性土壤，不耐干旱和积水涝地，对有毒气体有较强抗性；速生。

观赏特性：树体高大，枝叶浓密，花大美观。

园林应用：为良好的庭园绿化树种。

93 梓树（黄花楸、木角豆、大叶梧桐、梓、花楸、河楸、臭梧桐、水桐楸、木王） *Catalpa ovata* D.Don 紫葳科

识别特征：高达 15m，树冠伞形。叶广卵形或近圆形，先端突尖或渐尖，基部心形或近圆形，通常 3～5 浅裂，上面有灰色短柔毛，下面脉上有疏毛，叶脉掌状 5～7 出。圆锥花序顶生；花冠淡黄色，内面有黄色条纹及紫色斑纹。蒴果细长如筷，长 20～30cm；种子具毛。花期 4～6 月，果期 8～11 月。

习　　性：喜光，喜温凉气候和湿润疏松土壤，不耐干旱和瘠薄，能耐轻盐碱土。

观赏特性：树姿优美，树冠开张伞形，枝叶浓密，花繁果丰，成簇状长条形果实挂满树枝，果期长达半年以上，是优良庭园树种。

园林应用：宜作行道树、庭荫树及四旁绿化。因其有较强的抗污染力，又是良好的环保树种，可营建生态风景林。

94 紫薇（抓痒树、无皮树、痒痒树、海棠树、满堂红） *Lagerstroemia indica* L. 千屈菜科

识别特征：高达 7m；树皮光滑；幼枝 4 棱。叶对生或近对生，近无柄，椭圆形、倒卵形或长椭圆形，顶端尖或钝，基部阔楔形或圆形，光滑无毛或沿主脉上有毛。圆锥花序顶生，长 4～20cm；花萼 6 裂，裂片卵形，外面平滑无棱；花瓣 6，长 1.2～2cm，红色或粉红色，边缘皱缩，基部有爪；雄蕊 4～60。蒴果椭圆状球形，长 9～13mm，宽 8～11mm。花期 6～9 月，果期 9～12 月。

习　　性：喜光，稍耐荫，喜温暖气候，耐寒性不强，喜肥沃、湿润而排水良好的石灰质土壤。萌芽力和萌蘖性强，生长缓慢，寿命长。

观赏特性：树干光洁，花色鲜艳美丽，花朵繁密，花期长，为庭园中夏、秋季花期较长的观赏植物。

园林应用：适于庭院、道路和公园栽植，也常作盆景和切花观赏。

常绿灌木

95 苏铁（铁树、金代、辟火蕉、凤尾树、避火蕉、凤尾松、凤尾草）　　*Cycas revoluta* Thunb.　　苏铁科

识别特征：茎干圆柱状。营养叶一回羽状裂，基部两侧具有刺状尖头，裂片条形，长9～18cm，宽0.4～0.6cm，边缘显著向下反卷，上面中央具凹槽。雌雄异株，雄球花圆柱形，长达70cm，小孢子叶窄楔形，被黄褐色长绒毛；大孢子叶宽卵形，长达22cm，先端羽状分裂，密生黄褐色绒毛，胚珠2～6，生于大孢子叶柄的两侧，被绒毛。种子红褐色或橘红色。花期6～7月，种子10月成熟。

习　　性：喜光树种，不耐寒，喜温暖湿润气候，生长缓慢。
观赏特性：树形古雅，叶色墨绿并具光泽，四季常青。
园林应用：盆栽、孤植、丛植，亦可作防火树种种植。

96 含笑（香蕉花、含笑花）　　*Michelia figo* (Lour.) Spreng.　　木兰科

识别特征：小枝具环状托叶痕，芽、嫩枝、叶柄、花梗均密被黄褐色绒毛。叶互生，革质，上面有光泽，无毛，下面中脉上留有褐色平伏毛，余脱落无毛，托叶痕长达叶柄顶端。花直立，淡黄色而边缘有时红色或紫色，花被片6，肉质，较肥厚。聚合蓇葖果长2～3.5cm，蓇葖卵圆形或球形，顶端有短尖的喙。花期3～5月，果期7～8月。

习　　性：喜暖性多湿气候及酸性土壤，不耐干旱及烈日曝晒。
观赏特性：树冠浑圆，分枝紧密，四季常青，花色淡雅，气味芳香。
园林应用：可孤植、列植或配置于庭院、草坪、树丛边缘。对氯气有较强的抗性，可作厂矿区绿化。

| 97 | 云南含笑 （皮袋香、山栀子、十里香、山枝子、石小豆、山辛夷） | *Michelia yunnanensis* Franch.ex Finet et Gagnep. | 木兰科 |

识别特征：小枝具有环状托叶痕。芽、幼枝、幼叶下面、叶柄、花梗均密被深红色平伏毛。叶革质，卵形或倒卵状椭圆形，长 4～10cm，宽 1.5～3.5cm；叶柄长 4～5mm。花白色，芳香；花被片 6～12（17），倒卵形，排成 2 轮。聚合蓇葖果，蓇葖褐色。种子 1～2 粒，有假种皮，成熟时悬挂于丝状种柄上，不脱落。花期 4～5 月，果期 8～11 月。

习　　性：喜光，耐半荫。喜温暖多湿气候，有一定耐寒力，喜微酸性土壤。

观赏特性：花白色，极香，且花期较长，耐修剪，可修剪成不同的形状与其它植物配置。

园林应用：片植、列植或植为绿篱，亦可孤植修剪成球形与乔木配植。

| 98 | 香叶树 （红果树、香油果、香果树、细叶假樟、千金树、香叶子） | *Lindera communis* Hemsl. | 樟科 |

识别特征：植物体具有油细胞，揉之有香味。叶互生，革质，椭圆形或卵状长椭圆形，长 4～9cm，全缘，羽状脉，表面有光泽，背面常有毛。伞形花序具 5～8 朵花，总苞片 4，早落。花被片 6，黄色。核果近球形，径 8～10mm，熟时深红色。花期 3～4 月，果期 9～10 月。

习　　性：喜温暖气候及湿润的酸性土壤，耐荫，适应性强，耐修剪。

观赏特性：枝叶繁茂，四季常青，绿叶红果，颇美观。

园林应用：孤植、丛植或作绿篱。

99 小叶栒子（铺地蜈蚣、地锅巴、小黑牛肋） *Cotoneaster microphyllus* Wall.ex Lindl. 蔷薇科

识别特征：枝条开展，小枝圆柱形，红褐色至黑褐色，幼时具黄色柔毛，后渐脱落。叶厚革质，先端圆钝，基部宽楔形，上面无毛或具稀疏柔毛，下面被灰白色短柔毛，叶边反卷。花通常单生，稀2~3朵；花瓣平展，近圆形，先端钝，白色。梨果球形，红色，内常具2小核。花期5~6月，果期8~9月。

习　　性：生性强健，喜光，耐寒、耐旱，可在岩石中生长。

观赏特性：春开白花，秋结红果，甚为美观。

园林应用：常作基础栽植或盆栽，是点缀岩石园的良好植物。

100 火棘（火把果、救军粮、红籽） *Pyracantha fortuneana* (Maxim.) Li 蔷薇科

识别特征：具枝刺。单叶，互生，倒卵形或倒卵状长圆形，长1.5~6cm，叶缘具钝锯齿，叶柄短。复伞房花序径3~4cm；花瓣白色，近圆形，长约4mm；雄蕊20；子房密被白色柔毛，花柱5，离生。梨果近球形，径约5mm，桔红或深红色。花期5~7月，果期8~10月。

习　　性：喜光，稍耐荫，耐旱力强；对土壤要求不严，在湿润疏松的酸性土壤中生长迅速；枝密生，萌芽力强。

观赏特性：枝叶繁茂，花期时满树白花，果期则一树红果，留存枝头，经久不落。

园林应用：盆栽、绿篱、丛植，也可作基础栽植。

101 鹅掌柴（鸭脚木、小叶手树、鸭母树）　　*Schefflera octophylla* (Lour.) Harms　　五加科

识别特征：小枝粗壮。掌状复叶，小叶5～7（9），边缘全缘。伞形花序组成的圆锥花序顶生，主轴和分枝幼时密生星状短柔毛，后毛渐脱落；分枝斜生，有总状排列的伞形花序几个至十几个；伞形花序有花10～15朵，花白色。果实球形，黑色，有不明显的棱；宿存花柱粗短。花期10～12月，果期12月。

习　　性：不耐寒，较耐荫；喜在温暖气候和湿润、肥沃土壤中生长。

观赏特性：四季叶丛葱翠，小叶面光亮，花多而芳香，有较高的观赏价值。

园林应用：盆栽、孤植，也可作地被。

102 珊瑚树（法国冬青、极香荚蒾、旱禾树）　　*Viburnum odoratissimum* Ker-Gawl.　　忍冬科

识别特征：树冠倒卵形，枝干挺直。叶对生，长椭圆形或倒披针形，边缘波状或具有粗钝齿，近基部全缘，表面暗绿色，背面淡绿色。圆锥状伞房花序顶生，花白色，钟状，有香味。果先红色后黑色，卵状椭圆形。花期4～6月，果期9～10月。

习　　性：喜温暖湿润气候。在潮湿肥沃的中性壤土中生长旺盛，酸性和微酸性土均能适应，喜光亦耐荫。根系发达，萌芽力强，特耐修剪，极易整形。

观赏特性：四季常绿，枝叶碧绿，耐修剪。

园林应用：作绿篱、绿墙，或与其它乔灌木形成空间层次丰富的绿化带，也是厂矿区绿化的优良树种。

103 檵木（檵花、木莲子、桎木） *Loropetalum chinense* (R.Br.) Oliver 金缕梅科

识别特征：小枝、嫩叶及花萼均有星状短柔毛。叶互生，卵形或椭圆形，长 2～5cm，基部钝形，偏斜，先端锐尖，全缘，背面密生星状柔毛。花 3～8 朵簇生于小枝端；花瓣 4，带状，浅黄白色，长 1～2cm，苞片线形。蒴果褐色，近卵形，长约 1cm，有星状毛。花期 3～5 月，果期 8～10 月。

习　　性：喜温暖湿润气候。多生于山野及丘陵灌丛中。

观赏特性：花繁密而显著，初夏开花如覆雪，颇美丽。

园林应用：花篱、盆栽、群植、基础栽植。

变　　种：红花檵木 *L.chinense* var. *rubrum* Yieh：叶多呈紫红色，花紫红色。

檵木

红花檵木

104 雀舌黄杨（匙叶黄杨、细叶黄杨、金柳） *Buxus harlandii* Hance 黄杨科

识别特征：小枝四棱形，被短柔毛，后变无毛。叶薄革质，匙形、狭卵形或倒卵形，常中部以上最宽，长 2～4cm，宽 0.8～1.8cm，先端圆或钝，常有浅凹口或小凸尖头，基部狭长楔形，叶脉两面凸出，侧脉极多；叶柄长 0.1～0.2cm。头状花序腋生，苞片卵形。蒴果卵形，长 5mm，宿存花柱直立，长 3～4mm。花期 2 月，果期 5～8 月。

习　　性：喜光，耐干旱，不耐水湿和严寒，极耐荫。

观赏特性：四季常绿，枝繁叶茂又耐荫蔽，萌芽力强，耐修剪。

园林应用：常用于绿篱、花坛和盆栽、盆景，可修剪成各种形状，是点缀小庭院和园路入口处的好材料。

105 野扇花（清香桂、野樱桃）　　Sarcococca ruscifolia Stapf　　黄杨科

识别特征：分枝较密，小枝被短柔毛。叶互生，叶面光亮，叶背淡绿，侧脉不显。花序短总状，长1～2cm，花序轴被微细毛；花白色，芳香。果实球形，熟时猩红至暗红色，宿存花柱3或2。花果期10月至翌年2月。
习　　性：喜光、耐荫，喜湿润、温暖和排水良好的环境。耐寒不耐旱。
观赏特性：叶面光亮，冬季开花时，气味芳香，果熟时色泽艳丽，美丽可爱；适应性强。
园林应用：可作绿篱、群植、盆栽或作林下植被。

106 瑞香（睡香、睡梦香、露甲、风流树、蓬莱花、瑞兰、沈丁花）　　Daphne odora Thunb.　　瑞香科

识别特征：枝粗壮，通常二歧分枝，小枝近圆柱形，紫红色或紫褐色，无毛。叶互生，纸质，长圆形或倒卵状椭圆形，长7～13cm，宽2.5～5cm，先端钝尖，基部楔形，边全缘。花外面淡紫红色，内面肉红色，无毛，数朵至12朵组成顶生头状花序。核果卵状椭圆形，红色。花期3～5月，果期7～8月。
习　　性：喜荫，耐寒性差，要求通风好，喜排水良好的酸性土壤。忌阳光曝晒。
观赏特性：枝干丛生，株形优美，开花时节，香味浓郁。
园林应用：孤植、丛植、盆栽，亦可作为岩石阴面的点缀植物。
变　　型：金边瑞香 D.odora f. marginata Makino：叶片边缘淡黄色，中部绿色。

金边瑞香

107 海桐（海桐花、山矾）   *Pittosporum tobira* (Thunb.) Ait.   海桐花科

识别特征：叶聚生枝顶，革质，倒卵形，长4～10cm，宽2～3cm；叶柄长达2cm。伞形或伞房花序顶生；花白色，后变黄，有香气，花梗长2cm。蒴果球形，长1～1.3cm，3瓣裂，黄色；种子桔红色。花期4～5月，果期9～10月。

习　　性：喜光，也能耐荫，对土壤的酸碱度要求不严格，萌芽力强，耐修剪。

观赏特性：树冠浑圆，叶色浓绿，初夏时节白花点缀其间，蒴果成熟时开裂，露出橘红色种子，是叶、花、果皆美的观赏植物。

园林应用：可孤植于草坪、花坛之中，或列植成绿篱，或丛植于草坪丛林之间，亦可植于建筑物入口两侧及四周等，或作为厂矿区绿化树种等。

108 黄槿（黄木槿、桐花、海麻、海麻桐、木麻、盐水面夹果、朴仔、海罗树、弓背树）   *Hibiscus tiliaceus* Linn.   锦葵科

识别特征：单叶，互生，革质，掌状脉，基部心形，下表面密被灰白色星状柔毛，全缘或具不明显钝齿；托叶叶状，长圆形，早落。花两性，单生叶腋，花瓣黄色，内面基部暗紫色，基部有一对托叶状苞片，小苞片线状披针形，被绒毛，中部以下连合成杯状，花冠钟形，外面密被黄色星状柔毛。蒴果卵圆形，被绒毛，开裂。

习　　性：喜光，生性强健，耐旱、耐贫瘠，土壤以砂质壤土为佳。抗风力强。

观赏特性：观叶、观花。花期全年，以夏季最盛。

园林应用：景观树、行道树。为海岸防沙、防潮、防风之优良树种。

109　变叶木（洒金榕）　　*Codiaeum variegatum* (L.) A.Juss.　　大戟科

识别特征：幼枝灰褐色，有明显的大而平整的圆形或近圆形的叶痕。叶形多变化，倒披针形、条状倒披针形、条形、椭圆形或匙形等，长 8～30cm，宽 0.5～8cm，不分裂或叶片中部中断而将叶片分成上下两片，质厚，绿色或杂以白色、黄色或红色斑纹；叶柄长 0.5～2.5cm。花小，总状花序腋生，长 10～20cm。蒴果近球形或稍扁。花期 9～10 月。

习　　性：喜高温湿润气候，不耐寒霜。

观赏特性：叶形多样，叶色五彩缤纷。

园林应用：花篱、丛植、盆栽，是典型的温室观叶树种。

110　一品红（象牙红、老来娇、圣诞花、圣诞红、猩猩木）　　*Euphorbia pulcherrima* Willd.ex Klotzsch　　大戟科

识别特征：株高 1～3m，茎叶含白色乳汁。茎光滑，嫩枝绿色，老枝深褐色。单叶互生，绿色，全缘或浅裂或波状浅裂，叶面被短柔毛或无毛，叶背被柔毛，顶端靠近花序之叶片呈苞片状，开花时朱红色。花序顶生，下具 12～15 片披针形苞叶，有红、黄、白等色，花小，无花被，着生于总苞内。蒴果，三棱状圆形，平滑无毛。

习　　性：喜阳光、温暖，不耐寒；对土壤要求不严，但以肥沃砂质壤土为佳；怕旱忌涝。

观赏特性：苞叶通红似火，观赏期长，具有良好的观赏效果。

园林应用：可作为花坛、花境栽培，或布置会场，也适于厅堂摆设或盆栽观赏。

111 红背桂（东洋桂花、红紫木、红背桂花、紫背桂、红背） *Excoecaria cochinchinensis* Lour. 大戟科

识别特征：植株呈铺散状，茎多分枝。单叶对生，叶片呈宽披针形至卵状披针形，先端渐尖，基部楔形，叶缘有整齐的锯齿。叶面鲜绿色至翠绿色，有光泽，叶背呈浓郁的深血红色。花小，穗状花序，淡黄色，无花瓣。蒴果球形，顶端凹陷。

习　　性：喜温暖环境，耐半荫。喜疏松肥沃的酸性腐殖土，不耐旱，忌涝，极不耐碱，要求通风良好的环境。

观赏特性：株形矮小，枝条柔软自然弯曲成一弧度，枝叶扶疏，叶背鲜红。

园林应用：宜作绿篱或盆栽观赏，常布置于厅堂、会场等。

112 西南红山茶（西南山茶） *Camellia pitardii* Cohen Stuart 山茶科

识别特征：嫩枝无毛。叶革质，先端渐尖或长尾状，上面干后亮绿色，下面黄绿色，无毛，侧脉6~7对，在上下两面均能见，边缘有尖锐粗锯齿，叶柄无毛。花顶生，红色，无柄；苞片及萼片10，花瓣5~6，花直径5~8cm，基部与雄蕊合生，花柱先端3浅裂。蒴果扁球形，3室，3片裂开，果爿厚；种子半圆形，褐色。花期2~5月。

习　　性：耐荫性强，喜温暖湿润气候及疏松透气、湿润、富含腐殖质而又排水良好的酸性土壤。

观赏特性：树冠多姿，叶色光亮翠绿，开花于冬末春初，花色鲜艳，花期长久。

园林应用：孤植、群植或盆栽。

113 茶梅（琉球短柱茶、粉红短柱茶、冬红山茶、茶梅花） *Camellia sasanqua* Thunb.　　山茶科

识别特征：嫩枝有毛。叶薄革质，椭圆形、阔椭圆形至长圆状椭圆形，长 3～6cm，宽 2～3cm，先端短尖，叶面有光泽；侧脉 5～6 对，上面不明显，下面可见，网脉不显著；边缘有细锯齿。花白色至粉红色及玫瑰红色，径 3.5～7cm，略芳香，无柄；苞片及萼片 6～7，被柔毛；花瓣 6～7；子房密被白色毛。蒴果球形，直径 2.5～3cm，略有毛，无宿存花萼，内有种子 3 粒。花期 11 月至翌年 1 月。

习　　性：喜光耐荫，喜温暖湿润的气候环境，忌烈日。
观赏特性：花色美，花期长，叶片亮绿，开花于冬春之际。
园林应用：可作点缀草地灌木，或作基础种植及绿篱种植，开花时为花篱，落花后又为常绿绿篱。也可盆栽观赏。

114 马缨杜鹃（马缨花、绣球杜鹃、狗血花、红山茶、密桶花） *Rhododendron delavayi* Franch.　　杜鹃花科

识别特征：单叶互生，革质，长圆状披针形或长圆状倒披针形，长 7～16cm，宽 2～5cm，上面中脉和侧脉显著凹陷，下面被灰白色至淡棕色厚绵毛。顶生伞形花序，有花 10～20；花冠钟形，深红色；雄蕊 10，不等长，长 2～4cm；子房密被淡黄至红棕色绒毛，花柱无毛，红色。蒴果长圆柱形，长约 2cm，径约 8mm，被红棕色绒毛。花期 5 月，果期 12 月。
习　　性：喜疏松通气、湿润、富含腐殖质而又排水良好的酸性土壤。
观赏特性：开花时节，红花紧簇于枝头，烂漫如锦。
园林应用：孤植、丛植、群植、盆栽等。

115 枸骨（鸟不宿、猫儿刺、狗骨刺、老虎刺、八角刺、老鼠树） *Ilex cornuta* Lindl.et Paxt. 冬青科

识别特征：单叶互生，硬革质，矩圆形，长4～8cm，宽2～4cm，顶端扩大并有3枚尖硬刺齿，中央一枚向背面弯，基部两侧各具1～2枚大刺齿，表面深绿而有光泽，背面淡绿色；大树树冠上部的叶有时全缘。花小，黄绿色，簇生于2年生枝叶腋。核果球形，鲜红色，径8～10mm，具4核。花期4～5月，果期9～10(11)月。

习　　性：喜光，耐半荫，喜温暖湿润、排水良好的酸性土。

观赏特性：枝叶茂密，叶形奇特，叶色亮绿，果实成熟后变为红色，红果累累挂于枝头，经冬不凋。

园林应用：宜作基础种植及岩石园材料，也可孤植于花坛中心、对植于前庭、路口，或丛植于草坪边缘；同时又是很好的绿篱（兼有果篱、刺篱的效果）及盆栽材料。

116 龟甲冬青（豆瓣冬青） *Ilex crenata* Thunb. cv. Convexa 冬青科

识别特征：幼枝具纵棱角，密被短柔毛。叶革质，倒卵形，椭圆形或长圆状椭圆形，边缘具圆齿状锯齿，叶面沿主脉被短柔毛，背面无毛，密生褐色腺点；叶柄上面具槽，下面隆起，被短柔毛；托叶钻形，微小。雄花成聚伞花序，总花梗近基部具1～2枚小苞片；花白色，边缘啮齿状。果球形，成熟后黑色。

习　　性：喜温暖湿润气候，极耐荫。

观赏特性：树形浑圆，叶小而密，叶面凸起，叶形奇特。

园林应用：列植、孤植、盆栽。

117 大叶黄杨（冬青卫矛、正木、万年青）　*Euonymus japonicus* Thunb.　卫矛科

识别特征：小枝绿色，近四棱形。叶对生，革质而有光泽，椭圆形至倒卵形，长 3～6cm，先端尖或钝，基部广楔形，缘有细钝齿；叶柄长 0.6～1.2cm。聚伞花序腋生，花淡绿色，4 数。蒴果近球形，径 8～10mm，成熟后淡红色，熟时 4 瓣裂；假种皮橘红色。花期 3～4 月，果期 6～7 月。

习　　性：喜光，亦能耐荫，喜温暖湿润气候及肥沃土壤；耐寒性稍差。

观赏特性：叶色浓绿，四季常青，秋季红果缀于枝头，非常美丽。

园林应用：孤植、丛植、群植、盆栽、绿篱，对有害气体有较强抗性，可作厂矿绿化。

118 米兰（米仔兰、碎米兰、树兰、米兰花、鱼子兰、山胡椒）　*Aglaia odorata* Lour.　楝科

识别特征：树冠圆球形，多分枝。奇数羽状复叶，互生，叶轴有窄翅；小叶 3～5，对生，倒卵形至长椭圆形，长 2～7cm，先端钝，基部楔形，全缘。圆锥花序腋生，花黄色，径约 2～3mm，极芳香，长 5～10mm。浆果卵形或近球形，长约 1.2cm，无毛。花期 5～12 月，果期 7 月～翌年 3 月。

习　　性：喜光及温暖湿润的环境，耐半荫，不耐寒；要求肥沃、疏松的中性土壤或酸性土壤。

观赏特性：枝叶茂密，花期极长，开花季节浓香四溢，花香似兰。

园林应用：宜盆栽布置客厅、书房、门廊及阳台等，也可植于公园或庭院；花可供薰茶或提香料。

119 尖叶木樨榄（吉利树、锈鳞木犀榄、岩刷子） *Olea ferruginea* Royle　　木犀科

识别特征：小枝近四棱形，无毛，密被细小鳞片。叶革质，狭被针形至长椭圆形，长4～8.5cm，宽1～1.8cm，先端凸尖，基部渐窄或楔尖，上面光亮，背面密被锈色鳞毛，全缘，背卷，中脉上面凹入，背面突起，侧脉不明显，叶柄长3～5mm。花为腋生圆锥花序，花序长约2.5cm。核果近球形，径4～6mm，成熟时暗褐色或黑色。花期4～8月，果期8～11月。

习　　性：喜高温，耐干旱，但不耐寒霜。萌芽力强，耐修剪。

观赏特性：四季常青，枝叶繁茂，树形美观。

园林应用：常列植、孤植、盆栽或作绿篱。

120 牛角瓜（羊浸树、断肠草、五狗卧花心） *Calotropis gigantea* (Linn.) Dryand.ex Ait.f.　　萝藦科

识别特征：直立灌木，高达3m，全株有乳汁；幼枝被灰白色绒毛。叶倒卵状长圆形或椭圆状长圆形，长8～20cm，顶端急尖，基部心形，两面被灰白色绒毛；叶柄极短，有时叶基部抱茎；聚伞花序伞状，腋生和顶生，花序梗和花梗被白色绒毛，花冠紫蓝色，辐状；副花冠5裂，着生于雄蕊的背部，肉质隆起，其基部成一外卷的矩。蓇葖果单生，种子宽卵形，顶端具白绢质种毛。花果期几乎全年。

习　　性：喜光、喜温暖湿润气候，多生于低海拔向阳山坡、旷野和海边。

观赏特性：花奇特，5裂的副花冠均外卷，宛如5只小狗围坐在花柱旁。

园林应用：在适生区可用作绿篱等，但由于其茎、叶的乳汁有毒，因此须慎用。

| 121 六月雪（白马骨、满天星） | *Serissa japonica* (Thunb.)Thunb. | 茜草科 |

识别特征：丛生小灌木，高达 90cm，分枝繁多。叶革质，卵形至倒披针形，长 6～22mm，宽 3～6mm，全缘，无毛；叶柄短。花单生或数朵丛生于小枝顶部或腋生，花冠白色或淡粉紫色。核果小，球形。花期 5～7 月。

习　　性：喜光，亦能耐荫，喜温暖气候，不耐严寒。对土壤要求不严，喜肥。

观赏特性：初夏开花时，满树白花洁白如雪，为常见的观赏花木。

园林应用：宜作花坛、花境、花篱和下木，也是制作盆景的好材料。

| 122 马缨丹（五色梅、臭牡丹、五彩花、臭草、如意草、七变花） | *Lantana camara* L. | 马鞭草科 |

识别特征：直立或蔓性的灌木，茎枝均呈四棱形，有短柔毛，通常有短而倒钩状刺。单叶对生，边缘有钝齿，表面有粗糙的皱纹和短柔毛。头状花序顶生或腋生；苞片披针形，长为花萼的 1～3 倍；花冠黄色或橙黄色，开花后不久转为深红色，花冠管两面有细短毛。核果圆球形，成熟时紫黑色。全年开花。

习　　性：喜高温、高湿，耐干旱，适应性强，不耐寒。

观赏特性：马缨丹花期较长，开花时花序紧簇，花色美丽，果实亮丽。

园林应用：丛植、绿篱，也可作地被植物。

123 南天竹（南天竺、蓝田竹、天竺、蓝天竹） *Nandina domestica* Thunb.　小檗科

识别特征：高达 2m。茎直立，少分枝，幼枝常为红色。叶互生，常集生于茎顶端，二至三回羽状复叶，各级羽状叶均为对生，末级的小羽叶片有小叶 3～5 片；小叶椭圆状披针形，长 3～10cm，先端渐尖，基部楔形，全缘。圆锥花序顶生，长 20～35cm；花白色。浆果球形，成熟时鲜红色。花期 4～6 月，果期 7～11 月。

习　　性：浅根性，喜温暖湿润，要求透气、排水良好的土壤，较耐寒。

观赏特性：四季常青，叶绿果红，秋冬季节，红果累累，经冬不凋。

园林应用：宜丛植于庭院房前，草地边缘或园路转角处。枝叶和果序可瓶插，供室内装饰用。

124 江边刺葵（软叶刺葵） *Phoenix roebelenii* O'Brien　棕榈科

识别特征：茎丛生，栽培时常为单生，具宿存的三角状叶柄基部。叶长 1～2m；一回羽状全裂，裂片条形，较柔软，上面深绿色，背面沿叶脉被灰白色的糠秕状鳞秕，呈二列排列，下部羽片变成细长软刺。佛焰苞长 30～50cm，仅上部裂成 2 瓣。果实长圆形，顶端具短尖头，成熟时枣红色，果肉薄，有枣味。花期 4～5 月，果期 6～9 月。

习　　性：喜湿润、肥沃土壤；喜光，能耐荫。

观赏特性：叶片柔软而弯垂，树形优美。

园林应用：丛植、列植、盆栽或与景石配植等。

125 多裂棕竹（筋头竹、观音竹、虎散竹） *Rhapis multifida* Burret　棕榈科

识别特征：丛生灌木，高 2～3m，茎圆柱形，有节。叶掌状深裂，扇形，裂片 16～20（30），线状披针形，长 28～36cm。花序二回分枝，长 40～50cm，花序梗上的佛焰苞 2 个。果实球形，径 1cm，熟时黄色至黄褐色。果期 11 月至翌年 4 月。

习　　性：耐荫，不耐寒；喜温暖湿润气候和肥沃的砂壤土。

观赏特性：树形优美，叶扇形，清雅秀丽，是庭园绿化的好材料。

园林应用：常植于庭院、窗前、路旁等半荫处，也是室内装饰的良好观叶盆栽植物，适宜配置廊隅、厅堂、会议室等。

落叶灌木

| 126 马桑 | (水马桑、紫马桑、四联树、千年红、马鞍子、野马桑、马桑柴、乌龙须、醉鱼儿、闹鱼儿、黑龙须、黑虎大王、紫桑) | *Coriaria nepalensis* Wall. | 马桑科 |

识别特征：高 1.5～2.5 m，小枝四棱形或成四狭翅。叶对生，纸质至薄革质，椭圆形，先端急尖，全缘，基出三出脉，弧形伸至顶端。总状花序生于二年生的枝条上，花小，红色，龙骨状。浆果状瘦果，球形，成熟时由红色变紫黑色。花期 4～5 月，果期 7～8 月。

习　　性：喜光，在裸露的阳坡上生长良好，适应性强，既耐干旱瘠薄又耐水湿。

观赏特性：春天嫩枝、叶柄及花均呈红色，是观叶观花的优良树种。

园林应用：可作绿篱及庭园中的灌木造型，又是优良的水土保持树种。

| 127 展毛野牡丹 | (老虎杆、麻叶花、蚂蚁花、肖野、喳叭叶、张叭叭、灌灌黄、黑口莲、肖野牡丹、猪姑稔、鸡头肉、洋松子、炸腰花、毡帽泡花、暴牙郎) | *Melastoma normale* D. Don | 野牡丹科 |

识别特征：高 0.5～1(3)m；茎钝四棱形或近圆柱形，密被平展的长粗毛及短柔毛。叶片坚纸质，卵形至椭圆形，顶端渐尖，基部圆形或近心形，全缘，基出脉 5 条，叶面密被糙伏毛及短柔毛。花两性，伞房花序，3～10 朵聚生于枝顶。蒴果坛状球形，紫红色，顶端平截，密被鳞片状糙伏毛。花期 3～5 月，果期 8～10 月。

习　　性：喜酸性土壤，耐瘠薄，多生于山坡湿润地及疏林下，为酸性土常见植物；萌发力强。

观赏特性：花大，紫红色，且花期长，是美丽的观花植物。

园林应用：可作稀疏林地灌木层下木栽培，也可植作花篱或草地丛植点缀等。

128 尖子木（酒瓶果、砚山红） *Oxyspora paniculata* (D. Don) DC. 野牡丹科

识别特征：高 1 ~ 2m；茎四棱形或钝四棱形，通常具槽，幼时被糠秕状星状毛及疏刚毛。叶片坚纸质，卵形、狭椭圆状卵形或近椭圆形，顶端渐尖，基部圆形或浅心形；叶柄有槽，通常密被糠秕状星状毛。圆锥花序由聚伞花序组成，顶生，被糠秕状星状毛；花瓣红色至粉红色，或深玫瑰红色，卵形。蒴果倒卵形。花期 7 ~ 10 月，果期次年 1 ~ 3 月。

习　　性：喜温暖湿润气候，多生于阴湿处或溪边，也长于山坡疏林下及灌木丛中湿润的地方；对土壤要求不严。

观赏特性：花序大，形美，色艳，是美丽的观花植物。

园林应用：宜栽于庭园周围，也可用于林下绿化、盆栽等。

129 黄葵（山油麻、野油麻、野棉花、芙蓉麻、鸟笼胶、山芙蓉、麝香秋葵、芙蓉花、秋葵、黄蜀葵、假三念） *Abelmoschus moschatus* Medicus 锦葵科

识别特征：高 1 ~ 2m。叶互生，叶常掌状 5 ~ 7 深裂，裂片披针形至三角形，边缘具不规则锯齿，两面均疏被硬毛；托叶线形。花单生于叶腋，被倒硬毛，花萼佛焰苞状，5 裂，常早落，花黄色，内面基部暗紫色。蒴果长圆形，长 5 ~ 6cm，先端尖，被白色长硬毛；种子肾形，具麝香味。花期 6 ~ 10 月。

习　　性：喜温暖、光照充足、土层深厚、肥沃疏松的环境。常生于平原、溪涧旁或山坡灌丛中。

观赏特性：花朝开暮落，黄艳清秀，是良好的观赏花卉。

园林应用：在园林中可作背景材料，也可植于篱边墙角、零星空隙地等处。

130 棣棠花（鸡蛋黄花、土黄条） *Kerria japonica* (L.) DC. 蔷薇科

识别特征：高1～3m；小枝绿色，圆柱形，常拱垂，嫩枝有棱角。叶互生，三角状卵形或卵圆形，顶端长渐尖，基部圆形、截形或微心形，边缘有尖锐重锯齿。单花，着生在当年生侧枝顶端，花瓣黄色，宽椭圆形。瘦果倒卵形至半球形，褐色或黑褐色。花期4～6月，果期6～8月。

习　　性：喜光，耐半荫，适生于湿润肥沃排水良好的土壤，萌蘖力较强。

观赏特性：具有秀丽的青枝绿叶和鲜艳黄色的花朵；冬季碧绿的枝条亦有观赏价值。

园林应用：在园林中可用作花篱，或丛植于草坪、角隅、路边、林缘、假山旁，均可产生良好美化效果。

131 华西小石积（沙糖果、黑果、棱花果树、蒿叶叶、地石榴） *Osteomeles schwerinae* Schneid. 蔷薇科

识别特征：高1～3m，枝条开展密集；小枝细弱，圆柱形，微弯曲。奇数羽状复叶，小叶片对生，椭圆形，全缘；叶轴上有窄叶翼。顶生伞房花序，花萼筒钟状，外面近无毛，萼片卵状披针形；花瓣长圆形，白色。梨果卵形或近球形，蓝黑色。花期4～5月，果期7月。

习　　性：喜光，多生于山坡灌木丛中或田边路旁向阳干燥地。

观赏特性：植株矮小，枝茂叶细，花小密集。

园林应用：宜作绿篱，常植于山石一侧或山坡石阶转角一旁，亦可作盆景观赏。

132 刺梨（木梨子、缫丝花、刺藤、文光果）　　*Rosa roxburghii* Tratt.　　蔷薇科

识别特征：高 1m，小枝常有成对皮刺。羽状复叶，小叶椭圆形或椭圆状矩圆形，两面无毛，叶柄和叶轴疏生小皮刺，托叶大部附着于叶柄上。花生于短枝上，淡红色或粉红色，萼裂片合生成管，密生皮刺。蔷薇果扁球形，径 3～4cm，熟时黄色，外面密生针刺；宿萼直立。花期 4～6 月，果期 7～10 月。
习　　性：喜温暖湿润气候，年平均温度 12～16℃，年降雨量 1000mm 以上地区均可种植。
观赏特性：粉红色的花朵大而芳香，黄色蔷薇果刺密，是观花观果兼备的优良观赏灌木。
园林应用：枝干多刺，可修剪成刺篱；亦可丛植于院落角隅等处。

133 白鹃梅（金瓜果、茧子花、羊白花、总花白鹃梅、九活头）　　*Exochorda racemosa* (Lindl.) Rehd.　　蔷薇科

识别特征：高 3～5m，小枝圆柱形，无毛，微有棱角，幼时红褐色。单叶互生，椭圆形至长圆状倒卵形，先端圆钝，基部楔形，全缘，两面无毛；叶柄短。顶生总状花序，有 6～10 花，花径 2.5～3.5cm，花瓣倒卵形，白色，先端钝，基部有短爪。蒴果倒圆锥形，具 5 脊。花期 4～5 月，果期 6～8 月。
习　　性：喜温暖湿润气候，喜阳光充足，也稍耐荫，抗寒力强，对土壤要求不严，较耐干旱瘠薄。
观赏特性：树姿秀美，叶片光洁，花开时洁白如雪，是良好的观赏树木。
园林应用：在园林中广泛应用于林缘，适于在草坪、庭园、路边、假山、庭院角隅作为点缀树种；老树古桩又是制作树桩盆景的好材料。

134 蜡瓣花　　*Corylopsis sinensis* Hemsl.　　金缕梅科

识别特征：枝有柔毛。叶互生，卵形或倒卵形，先端短尖，基部斜心形，边缘具波状小齿牙，背面灰绿色，密被细柔毛。先叶开花，总状花序下垂，花黄色，有香气。蒴果卵圆形，种子黑色，有光泽。花期3~4月，果期8~10月。

习　　性：喜光，能耐荫，好温暖湿润、富含腐殖质的酸性或微酸性土壤。萌蘖力强。

观赏特性：先叶开花，花序累累下垂，光泽如蜜蜡，色黄而具芳香，枝叶繁茂，清丽宜人。

园林应用：适于公园、庭园内配植，植于花坛中、假山、岩隙附近，或盆栽观赏，花枝可作瓶插材料。

135 滇榛　　*Corylus yunnanensis* A.Camus　　桦木科

识别特征：丛生灌木；小枝褐色，密被黄色绒毛及刺状腺体。叶厚纸质，近圆形或宽卵形，长4~13cm，先端骤尖，基部心形，边缘具不规则的锯齿，两面密被绒毛。坚果球形，单生或2~3枚簇生成头状，果苞钟状，外面密被黄色绒毛和刺状腺体，上部浅裂。

习　　性：喜温暖湿润气候，在微酸性土壤条件下生长良好，耐霜冻。

观赏特性：枝繁叶茂，果苞像一件具多重褶皱的漂亮裙摆包着坚果，十分雅致。

园林应用：可群植、片植于庭院、公园等绿地中；耐修剪，是作绿篱的好树种。

| 136 羊踯躅 | （闹羊花、黄杜鹃、黄色映山红、羊不食草、玉枝） | *Rhododendron molle* (Blum) G.Don | 杜鹃花科 |

识别特性：高 1～2m；老枝光滑，幼枝有短柔毛。单叶互生，叶柄短，被毛，叶片椭圆形至椭圆状倒披针形，先端钝而具短尖，基部楔形，边缘具向上微弯的刚毛。花多数，成顶生短总状花序，与叶同时开放，花金黄色，花冠漏斗状，外被细毛。蒴果长椭圆形，熟时深褐色。花期 3～5 月，果期 7～8 月。

习　　性：喜强光和干燥、通风良好的环境；喜排水良好土壤，耐贫瘠和干旱，忌积水；植株强健，管理粗放。

观赏特性：花繁叶茂，绮丽多姿，是杜鹃花中极少开黄花的种类之一。

园林应用：园林中宜在林缘、溪边、池畔及岩石旁成丛成片栽植，或于疏林下散植，也是花篱的良好材料；但由于全株有毒，须慎用。

| 137 卫矛 | （鬼箭羽、四棱树、干筻子） | *Euonymus alatus* (Thunb.) Sieb. | 卫矛科 |

识别特征：小枝具 2～4 列宽木栓翅。叶对生，卵状椭圆形至倒卵形，边缘有细锐锯齿，叶柄短。聚伞花序腋生，1～3 花，花黄绿色。蒴果四深裂，紫色，种子具橙红色假种皮。花期 5～6 月，果期 7～10 月。

习　　性：喜温暖向阳环境，对土壤要求不严，田园土、砂壤土或中性土均宜。

观赏特性：卫矛枝翅奇特，果裂时露出红色种子，秋叶变红，观叶、观果俱佳。

园林应用：园林中常孤植或丛植于草坪、斜坡、水边，或于山石间、亭廊边配置，也是绿篱、盆栽及制作盆景的好材料。

138 西域青荚叶（喜马拉雅青荚叶、小通草、叶上花、叶上果） *Helwingia himalaica* Hook.f. et Thoms. ex C.B.Clarke　山茱萸科

识别特征：当年生小枝绿色，无毛。叶互生，纸质，披针形、倒披针形或椭圆状披针形，顶端渐尖或尾状渐尖，基部楔形，边缘具刺状疏齿，两面均无毛。花单性，雌雄异株，雄花 10 余朵排成聚伞花序，生于叶面或嫩枝上；雌花 1～3 朵簇生于叶面主脉中部或近基部，或生于幼枝的叶腋。浆果状核果，近球形，成熟时暗红色。花期 4～5 月，果期 8～9 月。

习　　性：喜阴湿凉爽环境，要求腐殖质含量高的森林土，忌高温、干燥气候。

观赏特性：花果着生于叶上面，观赏价值较高。

园林应用：可室内盆栽或作为林下绿化树种，也可植作绿篱或草地丛植点缀。

139 金钟花（迎春条、细叶连翘、黄金条、黄连翘、迎春柳、金梅花、金玲花） *Forsythia viridissima* Lindl.　木犀科

识别特征：高达 3m，小枝具片状髓，四棱形。单叶对生，叶片长椭圆形至披针形，长 3.5～15cm，宽 1.5～4cm，先端锐尖，基部楔形，上半部具不规则锐锯齿，两面无毛；叶柄长 0.6～1.2cm。花 1～3(4) 朵生于叶腋，先叶开放；花冠黄色，钟状，深 4 裂；雄蕊 2 枚，着生于花冠管基部；子房 2 室，每室具下垂胚珠多枚。蒴果，2 室，室间开裂；种子一侧具翅。花期 3～4 月，果期 8～11 月。

习　　性：喜温暖、湿润环境，较耐寒。适应性强，对土壤要求不严，耐干旱。根系发达，萌蘖力强。

观赏特性：花先于叶开，金黄灿烂，是优良的观花树。

园林应用：可丛植于草坪、墙隅、路边、林缘，或于院内庭前等处作绿篱、花篱，也可室内盆栽或植于林下。

140 迎春花（金腰带、小黄花） *Jasminum nudiflorum* Lindl.　木犀科

识别特征：枝条细长，呈拱形下垂生长，侧枝健壮，四棱形，绿色。三出复叶对生，小叶卵状椭圆形，表面光滑，全缘。花单生于叶腋，花冠高脚杯状，鲜黄色，顶端 6 裂，或成复瓣。花期 6 月。

习　　性：喜光，稍耐荫，略耐寒，怕涝；要求温暖湿润气候，疏松肥沃和排水良好的砂质土；根部萌发力强，枝条着地部分极易生根。

观赏特性：枝条披垂，早春先花后叶，花色金黄，叶丛翠绿。

园林应用：宜配置在湖边、溪畔、桥头、墙隅或草坪、林缘、坡地等处。

141 小叶女贞（小叶蜡树、楝青、小白蜡树）Ligustrum quihoui Carr. 木犀科

识别特征：小枝条具细短柔毛。单叶对生，薄革质，椭圆形至卵状椭圆形，长1～5cm，光滑无毛，全缘，边缘略向外反卷；叶柄有短柔毛。圆锥花序；花白色，芳香，无梗，花冠4裂，裂片镊合状排列，花冠裂片与筒部等长，花药常超出花冠裂片。浆果状核果，宽椭圆形，熟时紫黑色。花期7～8月，果期11～12月。

习　　性：喜光，能耐半荫，好温暖、湿润的气候，耐寒、耐旱性强。

观赏特性：枝叶紧密，繁花满树，花白色，芳香，园林中应用较广。

园林应用：常用作绿篱或分隔景区的屏障树，也可丛植修剪造型，亦可作砧木嫁接桂花、丁香等。

142 枳（枳壳、枸橘、臭橘、雀不站、铁篱寨）Poncirus trifoliata (L.) Raf. 芸香科

识别特征：树冠伞形或圆头形。枝绿色，嫩枝扁，有纵棱，具枝刺。叶柄有狭长的翼叶，指状3出叶，小叶等长或中间的一片较大，叶缘有细钝裂齿或全缘。花单朵或成对腋生，先叶开放，花瓣白色，匙形，柑果近球形或梨形，果顶微凹。花期5～6月，果期10～11月。

习　　性：喜光，喜温暖湿润气候及深厚肥沃的微酸性土，不耐碱性，较耐寒，抗性强。

观赏特性：先花后叶，花白色芳香，叶色亮绿，果实橙黄，极美丽；萌蘖力强，耐修剪。

园林应用：作绿篱或修剪成各种形状供观赏。

143 鸡骨常山（三台高、四角枫、白虎木、永固生、红花岩托、红辣椒、野辣椒）Alstonia yunnanensis Diels 夹竹桃科

识别特征：高1～3m，多分枝。叶3～5枚轮生，薄纸质，倒卵状披针形或矩圆状披针形，两面被短柔毛；侧脉整齐密生，叶腋内外密生腺体。花紫红色，花冠高脚碟状，花盘为2枚舌状鳞片组成。蓇葖果2枚，离生，披针形；种子两端被短柔毛。花期3～6月，果期8～10月。

习　　性：喜暖湿气候，耐荫，耐寒，多生于林下、路旁、溪边、山坡或沟谷。

观赏特性：枝叶茂密，花色鲜艳，花期长，庭院观赏效果极佳。

园林应用：多用作绿篱或林下种植。

144 树番茄（缅茄）　　　　*Cyphomandra betacea* Sendt.　　　茄科

识别特征：高达 3m，茎上部分枝，枝粗壮，密生短柔毛。叶卵状心形，顶端短渐尖或急尖，基部偏斜，全缘或微波状，叶面深绿，叶背淡绿。二～三歧分枝蝎尾式聚伞花序，近腋生或腋外生；花冠辐状，粉红色。浆果卵状，多汁液，桔黄色或带红色。种子圆盘形，直径约 4mm，周围有狭翼。花期 4～5 月，果期 8～9 月。

习　　性：喜温暖湿润气候，在肥沃、深厚及排水良好的砂壤土中生长较好；不耐寒，冬季应保持土壤干燥。

观赏特性：彩色浆果缀满枝头，美丽动人，是观叶赏果的优良树种。

园林应用：用于观赏和采摘，多用于观光农业园、生态旅游度假区、旅游观光景点和农业生态餐厅等地。

145 枸杞（杞枸、杞菜、枸杞子、白刺、山枸杞、枸杞菜、红珠仔刺、牛吉力、狗牙子、狗牙根、狗奶子）　　*Lycium chinense* Mill.　　茄科

识别特征：高 0.5～1m；枝条细弱，弓状弯曲或俯垂，淡灰色，有纵条纹，小枝顶端锐尖成棘刺状。叶纸质，单叶互生或 2～4 枚簇生，卵形、卵状菱形或长椭圆形，顶端急尖，基部楔形。花在长枝上单生或双生于叶腋，在短枝上簇生；花冠漏斗状，淡紫色。浆果红色，卵状。花果期 6～11 月。

习　　性：喜光，稍耐荫，喜干燥凉爽气候，较耐寒，适应性强，耐干旱、耐碱性土壤，喜疏松，排水良好的砂质壤土，忌粘质土及低湿环境。

观赏特性：果期长，秋季红果缀满枝头，十分美丽，为园林中秋季观果花木。

园林应用：可丛植于池畔、台坡，也可作河岸护坡，或作绿篱栽植，还可作树桩盆景等。

攀援植物

| 146 买麻藤 | (倪藤、买子藤、驳骨藤、大节藤、乌骨风、麻骨风、黑藤、鸡节藤、鹤膝风、小木米藤、脱节藤、竹节藤、接骨藤) | *Gnetum montanum* Markgr. | 买麻藤科 |

识别特征：常绿大藤本，长达 10m 以上。叶对生，常呈矩圆形，长 10~25cm，宽 4~11cm，先端具短钝尖头，基部圆或宽楔形，侧脉 8~13 对，叶柄长 8~15mm。雄球花序一~二回三出分枝，雄球花穗圆柱形，具 13~17 轮环状总苞；雌球花序侧生老枝上，单生或数序丛生，主轴细长，有 3~4 对分枝，雌球花穗长 2~3cm，径约 4mm，胚珠椭圆状卵圆形。种子矩圆状卵圆形或矩圆形，长 1.5~2cm，径 1~1.2cm，熟时黄褐色或红褐色。花期 6~7 月，种子 8~9 月成熟。

习　　性：喜干湿季明显的湿热气候或温暖湿润的生境。常生于海拔 1600~2000m 地带的森林中。

观赏特性：攀援性强，枝条蜿蜒曲折，叶亮绿，种子鲜艳。

园林应用：作花架、建筑物墙面、障景墙攀援植物，或用于各种园林景观中的垂直绿化，均能达到优美的景观效果。

| 147 滇五味子 | | *Schisandra henryi* Clarke var. *yunnanensis* A.C.Smith | 五味子科 |

识别特征：落叶木质藤本，小枝具窄而厚的棱翅。叶互生，椭圆形或倒卵形，长 6~11cm，先端短渐尖，基部宽楔形或近圆形，边缘全缘或具锯齿。花单性异株，生于叶腋，花梗细长柔软；花被片 8~10，黄色；雄花雄蕊 30~40；雌蕊群椭圆形，心皮 50。聚合浆果呈穗状，小浆果球形，肉质，熟时深红色。花期 5~7 月，果期 7~9 月。

习　　性：耐荫，喜湿润肥沃而排水透气性好的土壤。常生于半阴湿的山沟、灌木丛中。

观赏特性：枝叶繁茂，夏有香花，秋有红果。

园林应用：可作棚架、亭廊等的绿化，也可在大型山石上种植观赏，是庭园和公园垂直绿化的良好树种。

148 小木通（蓑衣藤、毛蕊铁线莲、过山龙、川木通） *Clematis armandii* Franch. 毛茛科

识别特征：常绿木质藤本，长达 6m。茎圆柱形。三出复叶对生；小叶革质，卵状披针形至卵形，长 4～12(16)cm，宽 2～5(8)cm，顶端渐尖，基部圆形、心形或宽楔形，全缘，两面无毛。聚伞花序或圆锥状聚伞花序，腋生或顶生；萼片 4(5)，开展，白色，偶带淡红色，长 1～2.5(4)cm；雄蕊无毛。瘦果扁，卵形至椭圆形，长 4～7mm，宿存花柱长达 5cm，有白色长柔毛。花期 3～4 月，果期 4～7 月。

习　　性：喜肥沃、排水良好的立地条件，忌积水或夏季极干而不能持水的土壤，抗寒性较强。

观赏特性：叶四季常青，花型奇特，花色艳丽。

园林应用：用于攀援墙篱、凉亭、花架、花柱、拱门等作垂直绿化，也可用于地被等。

149 多花蔷薇（野蔷薇、蔷薇、刺花、墙蘼、红香花刺根） *Rosa multiflora* Thunb. 蔷薇科

识别特征：落叶蔓性灌木，茎枝具粗短稍弯曲皮刺。奇数羽状复叶互生，有小叶 5～9 枚，叶面绿色有疏毛，叶背密被灰白绒毛。花淡红或蔷薇红色，排成开展伞房花序。蔷薇果球形，熟时褐红色，萼脱落。花期 4～5 月，果期 9～10 月。

习　　性：喜阳光充足环境，耐寒，耐干旱，不耐积水，略耐荫，对土壤要求不严，在肥沃、疏松的微酸性土壤中生长较好。

观赏特性：疏条纤枝，横斜披展，叶茂花繁，香气四溢，是良好的春季观花树种。

园林应用：适用于花架、长廊、粉墙、门侧、假山石壁的垂直绿化，对有毒气体的抗性强。

150 常春油麻藤（棉麻藤、牛马藤、常绿油麻藤） Mucuna sempervirens Hemsl.　蝶形花科

识别特征：常绿木质藤本。羽状复叶具3小叶，互生，长21～39cm；叶柄长7～17cm。顶生小叶椭圆形或卵状椭圆形，长8～15cm，先端渐尖，基部近楔形，侧生小叶基部偏斜。总状花序生于老茎上；花冠深紫色，长5～6.5cm，旗瓣长3.2～4cm。荚果带状，木质，长30～60cm，宽3～3.5cm，被红褐色刚毛，种子间稍缢缩。花期4～5月，果期8～10月。

习　　性：喜光，抗旱性强，适应性广，对土壤要求不严，生长快，病虫害少，较耐寒。

观赏特性：枝干苍劲，叶片葱翠，总状花序生于老茎上，荚果悬挂于老枝上，随风摇摆，甚是美观。

园林应用：可作为棚架、门廊、枯树及坡面绿化材料，也可制作盆景等。

151 紫藤（藤萝、藤花菜、交藤） Wisteria sinensis (Sims) Sweet　蝶形花科

识别特征：落叶大藤本。奇数羽状复叶，互生；小叶7～13，卵形、长圆形或卵状披针形，长约4.5～8cm，先端渐尖，基部圆或宽楔形，幼时两面被平伏柔毛，老则近无毛。总状花序长15～30cm；花冠蝶形，紫色或紫堇色，长约2.5cm；花梗长1.5～2.5cm。荚果长10～15cm，密被黄色绒毛，开裂。花期4～5月，果期5～8月。

习　　性：喜生于土层深厚，排水良好，向阳避风的环境，对气候和土壤的适应性强。

观赏特性：枝粗叶茂，花序大，花色淡雅，芳香，在我国有较悠久的栽培历史。

园林应用：应用于园林棚架，适栽于湖畔、池边、假山、石坊等处，盆景中也常用。

152 香花崖豆藤(山鸡血藤)　Millettia dielsiana Harms　蝶形花科

识别特征：木质藤本。羽状复叶，互生；小叶5，纸质，披针形、长圆形或窄长圆形，长5～15cm，先端急尖至渐尖，偶有钝圆，基部钝，侧脉6～9对；小托叶锥状，长3～5mm。圆锥花序顶生，宽大，长达40cm，花序轴具黄色疏柔毛；花萼钟状，长约3～5mm；蝶形花冠紫红色。荚果长圆形，长7～12cm，果瓣木质。花期5～9月，果期6～11月。

习　　性：喜光，耐瘠薄干旱，在土壤深厚肥沃，排水良好处生长旺盛。

观赏特性：枝叶繁茂，花美，是优良的观花植物。

园林应用：适用于花架、花廊，大型假山、叠石、墙垣及岩石的攀援绿化，也可用于坡地、林缘、堤岸等地任其爬蔓成灌丛状地被或作垂吊式栽培，亦可修剪成灌木状配置草坪、湖滨等处。

153 常春藤(爬树藤、土鼓藤、钻天风、枫荷梨藤、中华常春藤)　Hedera nepalensis K.Koch var. sinensis (Tobl.) Rehd.　五加科

识别特征：常绿藤本，长可达20～30m。茎借气生根攀援；嫩枝上柔毛鳞片状。单叶互生，革质，通常两型，营养枝上的叶为三角状卵形，全缘或3裂；花果枝上的叶椭圆状卵形或卵状披针形，全缘，叶柄细长。伞形花序单生枝顶或2～7个总状排列或伞房状排列成圆锥花序；花淡黄色或淡绿色，芳香。核果球形，径约1cm，熟时红色或黄色。花期9～11月，果期次年3～5月。

习　　性：喜温暖湿润气候；对土壤要求不严，喜湿润肥沃土壤。

观赏特性：蔓枝密叶，叶形优美，是理想的垂直绿化材料。

园林应用：在园林中可用以攀援假山、岩石，或在建筑阴面作垂直绿化材料，也可盆栽供室内绿化观赏。

品　　种：
(1) 金边常春藤'Aureovariegata'：叶缘黄色。
(2) 银边常春藤'Silver Queen'：叶灰绿色，具乳白色边，入冬白边变粉红色。
(3) 彩叶常春藤'Discolor'：叶小，具乳白色并带红晕。
(4) 日本常春藤'Conglomerata'：茎丛生灌木状，叶小而密，叶缘波状。

中华常春藤

彩叶常春藤

154 金银花（忍冬、金银藤、二色花藤、二宝藤、鹭鸶花） *Lonicera japonica* Thunb.　忍冬科

识别特征：半常绿藤本；幼枝暗红褐色，密被黄褐色糙毛及腺毛，下部常无毛。单叶对生，叶纸质，卵形至矩圆状卵形，长3～9cm，叶柄长0.4～0.8mm，密被短柔毛。双花单生叶腋，总花梗密被柔毛及腺毛；苞片叶状，卵形至椭圆形，长2～3cm；花冠白色，有时基部向阳面呈微红，后变黄色，唇形，上唇裂片顶端钝形，下唇带状而反曲。浆果球形，径0.6～0.7mm，熟时蓝黑色。花期4～6月，果期10～11月。

习　　性：喜光，耐荫，耐寒性强，也耐干旱与水湿，对土壤要求不严，但以湿润肥沃的砂质壤土为佳。

观赏特性：花芳香，花形别致，花色奇特，先白后黄，藤蔓攀绕。

园林应用：常作篱垣、阳台、绿廊、花架、凉棚等垂直绿化的材料，也可用作地被材料等。

变种及品种：
(1) 红金银花 *L. japonica* var. *chinensis*：花冠外带红色。
(2) 紫脉金银花 *L. japonica* var. *repens*：叶脉紫色。
(3) 白金银花 'Halliana'：花开时白色，而后变黄。
(4) 黄脉金银花 'Aureo-reticulata'：叶有黄色网纹。

155 五爪金龙（五爪藤、五爪龙、灯笼草、小红藤、雪时高、小五爪金龙、五虚下西山、红葡萄、乌蔹莓、月乌鸡） *Ipomoea cairica* (Linn.) Sweet　旋花科

识别特征：多年生缠绕草本，全体无毛。茎细长，有细棱。叶掌状5深裂至全裂，裂片卵状披针形、卵形或椭圆形，全缘或不规则微波状。聚伞花序腋生，花冠紫红色、紫色或淡紫色，偶有白色，漏斗状；雄蕊不等长，花丝基部贴生于花冠基部以上，被毛；子房无毛，花柱纤细，长于雄蕊。蒴果近球形，2室，4裂瓣，种子黑色，长约5mm，边缘被褐色柔毛。花期6～8月。

习　　性：喜光，生长于全日照以及排水良好的环境，常生于荒地、海岸边的矮树丛、山地林中及溪沟边等处。

观赏特性：叶掌状，色翠绿；花似漏斗，形态可爱，花色淡雅、秀丽而美观。

园林应用：作地被，能够快速良好地覆盖地面，也可攀援于廊架、门厅及墙体等。

变　　种：纤细五爪金龙 *I. cairica* (Linn.) Sweet var. *gracillima* (Coll. et Hemsl.) C.Y.Wu：茎较纤细，叶较小而裂片较狭。

备　　注：五爪金龙生长繁衍极其迅速，影响其它植物的生长，容易造成园林污染。

156 中华猕猴桃 (阳桃、羊桃、猕猴桃、毛桃子、藤梨)　　*Actinidia chinensis* Planch.　　猕猴桃科

识别特征：大型落叶藤本；幼枝被灰白色茸毛或褐色长硬毛，老枝近无毛。单叶，互生，倒阔卵形，长6～17cm，宽7～15cm，先端大多截平形并中间凹入，边缘具睫状小齿，下面密被白色或淡褐色星状绒毛，侧脉5～8对，横脉可见；叶柄长3～6(10)cm，有毛。聚伞花序，花序梗长7～15mm；花梗长9～15mm。浆果卵球形，长4～4.5cm，被柔软的茸毛。花期4～5月，果期5～10月。

习　　性：多生于湿润、温暖山间谷地或缓坡地带的灌木丛及稀疏杂木林缘。

观赏特性：藤蔓长，花美丽芳香，叶大荫浓，果实奇特诱人。

园林应用：常用作花架、绿廊、棚架、篱垣等的垂直绿化，也适于在自然式公园中配置应用等。

157 南蛇藤 (蔓性落霜红、南蛇风、大南蛇、香龙草、果山藤)　　*Celastrus orbiculatus* Thunb.　　卫矛科

识别特征：落叶藤本，长达12m。叶近圆形或椭圆状倒卵形，长4～13cm，先端突尖或钝尖，基部广楔形或近圆形，边缘具锯齿。聚伞花序腋生，间有顶生，或在枝端呈圆锥花序与叶对生，花序长1～3cm；花瓣倒卵形或长方形。蒴果近球形，径0.8～1.0cm；种子白色，外包肉质红色假种皮。花期5～6月，果期7～10月。

习　　性：喜光，耐半荫，抗寒抗旱，不择土壤，以肥沃、湿润而排水好的环境为佳。

观赏特性：秋季叶片经霜变红或黄，蒴果开裂露出鲜红的假种皮，形若红花，十分雅致。

园林应用：可以作棚架、墙垣、岩壁的攀援绿化材料；也可在溪河、池塘岸边种植。

158 昆明山海棠（粉背雷公藤、六方藤、紫金藤、火把果、断肠草） *Tripterygium hypoglaucum* (Lévl.) Hutch. 卫矛科

识别特征：藤状灌木，小枝有 4～5 棱。叶互生，薄革质，长圆状卵形、宽卵形或窄卵形，长 6～11cm，宽 3～7cm，边缘具浅疏锯齿，侧脉 5～7 对，无毛；叶柄长 1～1.5cm，密生棕红色柔毛。圆锥状聚伞花序生于小枝上部，呈蝎尾状多次分枝，顶生者花较大，侧生者花较小；花绿色，径 0.4～0.5cm；子房具 3 棱，花柱圆柱形，柱头膨大。翅果长圆形，红色。花期 6～7 月，果期 10～11 月。

习　　性：喜温暖、湿润、土壤肥沃、排水良好的环境。

观赏特性：果具红色的翅，供观赏。

园林应用：宜攀援墙垣、山石，或作棚架植物。

159 密花胡颓子（羊奶子） *Elaeagnus conferta* Roxb. 胡颓子科

识别特征：常绿攀援灌木，无刺，幼枝略扁，银白色或灰黄色，密被鳞片，老枝灰黑色。叶互生，纸质，全缘，上面幼时被银白色鳞片，成熟后脱落，干燥后深绿色，下面密被银白色和散生淡褐色鳞片。花银白色，外面密被鳞片或鳞毛，多花簇生叶腋短小枝上成伞形短总状花序，花枝极短。核果状坚果，长椭圆形或矩圆形，长达 5cm，成熟时红色；果梗粗短。花期 10～11 月，果期次年 2～3 月。

习　　性：喜光，稍能耐荫，耐旱，在肥沃的土壤上生长良好，对环境要求不严。

观赏特性：叶、枝、花、果被鳞片，果大、色艳，供观赏。

园林应用：可用作庭院、桥头、岩石园等的绿化植物，也可作盆景等。

160 雀梅藤（对节刺、雀梅、碎米子、酸铜子、酸色子） *Sageretia thea* (Osbeck) Johnst. 鼠李科

识别特征：落叶攀援灌木；小枝灰色或灰褐色，密生短柔毛，有刺状短枝。叶近对生，卵形或卵状椭圆形，长 1～3(4)cm，宽 0.8～1.5cm，先端有小尖头，基部近圆形至心形，边缘有细锯齿。圆锥花序密生短柔毛；花小，绿白色，无柄。核果近球形，熟时紫黑色。花期 7～11 月，果期次年 4～5 月。

习　　性：喜温暖、湿润气候，不甚耐寒；适应性强，对土质要求不严；根系发达，萌芽力强，耐修剪；常生长于山坡路旁、灌木丛中。

观赏特性：树形优美，虬曲多姿；树干褐色，表皮斑驳。

园林应用：在园林中可用作绿篱、垂直绿化材料，也适合配置于岩石园，亦是制作盆景的重要材料。

161 葡萄（蒲陶、草龙珠、赐紫樱桃、菩提子、山葫芦） *Vitis vinifera* L. 葡萄科

识别特征：落叶木质藤本。卷须二叉分枝，与叶对生。叶宽卵圆形，3～5 浅裂或中裂，长 7～18cm，宽 6～16cm，基部心形，边缘具粗锯齿，基生脉 5 出；叶柄长 4～9cm；托叶早落。圆锥花序密集或疏散，多花，与叶对生；花瓣 5，呈帽状粘合脱落；雄蕊 5，花丝丝状，在雌花内显著短而败育或完全退化。浆果球形或椭圆形，径 1.5～2cm。花期 4～6 月，果期 7～10 月。

习　　性：喜阳光充足，气候干燥、温暖，要求通风和排水好的环境。

观赏特性：硕果晶莹，翠叶满架。

园林应用：葡萄是传统园林观赏植物，常搭棚架栽培，也可作专类园栽培。

162 扁担藤（扁藤、大芦藤、铁带藤、过江扁龙、羊带风） Tetrastigma planicaule (Hook.) Gagnep. 葡萄科

识别特征：木质藤本，茎扁压，深褐色；小枝圆柱形或微扁，有纵棱纹，无毛；卷须不分枝，相隔2节间断与叶对生。叶为掌状5小叶，小叶披针形至卵状披针形，边缘具锯齿。伞形花序腋生，长15～17cm。浆果近球形，径2～3cm，多肉质，有种子1～2（3）；种子长椭圆形。花期4～6月，果期8～12月。

习　　性：生性强健，喜温暖湿润气候，对土壤要求不严，耐贫瘠，耐荫。

观赏特性：茎扁担状，卷须长而缠绕，婀娜多姿；果实卵圆，色泽鲜黄诱人。

园林应用：常用于棚架绿化。

163 叶子花（毛宝巾、九重葛、三角花、三角梅、勒杜鹃） Bougainvillea spectabilis Willd. 紫茉莉科

识别特征：藤状灌木，枝、叶密生柔毛，具长0.5～1.5cm的腋生刺。叶椭圆形或卵形。花生于枝条上部叶腋，常3朵簇生于苞片内，苞片椭圆状卵形，暗红色或淡紫红色；花被管狭筒形，长1.6～2.4cm，绿色，密被柔毛，顶端5～6裂，裂片开展，黄色；雄蕊常8；子房具柄。瘦果长1～1.5cm，密生毛。

习　　性：喜温暖湿润气候，不耐寒，喜充足光照。对土壤要求不严，在排水良好、含矿物质丰富的黏重壤土中生长良好。

观赏特性：叶子花苞片大，色彩鲜艳如花，且持续时间长。

园林应用：常用作围墙的攀援花卉栽培，在公园、花圃、棚架等门前两面或一侧，攀援作门辕，或种植在围墙、水滨、花坛、假山等周边，作防护性围篱，也可作盆景及修剪造型等。

164 西番莲（转心莲、洋酸茄花、转枝莲） *Passiflora coerulea* Linn. 西番莲科

识别特征：常绿藤本。叶掌状3～7裂，中间裂片卵状长圆形，两侧裂片略小，无毛，全缘，基部近心形；叶柄中部有2～4细小腺体；托叶较大，肾形，抱茎，疏具波状齿。聚伞花序通常退化仅存1花，与卷须对生；花大，直径6cm；苞片宽卵形，全缘；萼片顶部具1角状附属器；花瓣淡绿色，与萼片近等长；副花冠裂片3轮，丝状；内花冠流苏状，裂片紫红色，其下具蜜腺环，具花盘。浆果卵形至近圆形，橙黄色或黄色。花期5～7月，果期7～10月。

习　　性：喜温暖湿润气候，不耐寒，要求土壤疏松肥沃、水分充足、排水良好的环境。

观赏特性：花形独特，色彩艳丽，在适生地全年开花。

园林应用：因其为多年生蔓性藤本，长可达数米，可供花架、花棚、绿廊等缠绕之用，北方常作盆栽观赏。

165 木鳖子（番木鳖、糯饭果、老鼠拉冬瓜） *Momordica cochinchinensis* (Lour.) Spreng. 葫芦科

识别特征：多年生粗壮大藤本，具块状根。叶互生，卵状心形或宽卵状圆形，不分裂至3～5深裂，叶脉掌状。卷须粗壮，光滑无毛，不分枝。雌雄异株，花梗顶端生圆肾形的兜状苞片；花冠黄色。果实卵球形，顶端有1短喙，熟时红色，肉质，密生长3～4mm具刺尖的突起；种子扁圆形。花期6～8月，果期8～10月。

习　　性：喜温暖和阳光充足之地，在过阴环境下生长不良。

观赏特性：花朵大而美丽，圆肾形苞片托着花朵而生长，种子扁圆形呈龟板状；花、果均可观赏。

园林应用：适于布置棚架、廊亭等的垂直绿化。

166 多花素馨（素馨花、素心花、鸡爪花、狗牙花） *Jasminum polyanthum* Franch.　木犀科

识别特征：常绿缠绕木质藤本，长达10m；小枝圆柱形具棱，无毛。叶对生，羽状深裂或羽状复叶，有小叶5～7枚，叶柄长0.4～2cm；小叶纸质或薄革质，长1.5～9.5cm，先端锐尖至尾状渐尖，基部楔形或圆形。总状花序或圆锥花序顶生或腋生，有花5～50朵；花极芳香；花冠花蕾时外面呈红色，开放后变白，内面白色，花冠管长1.3～2.5cm，裂片5。核果近球形，黑色。花期2～8月，果期11月。

习　　性：喜温暖、向阳、空气湿润、土壤肥沃、排水良好的环境。

观赏特性：花芳香，花蕾红色，在开放后变为白色。

园林应用：可地栽或盆栽，适合庭院筑架栽培或作墙垣的绿化等。

167 蔓长春花（长春蔓、攀援长春花） *Vinca major* (L.) G. Don　夹竹桃科

识别特征：常绿蔓状灌木，茎偃卧，花茎直立。叶对生，椭圆形，长2～6cm，宽1.5～4cm，先端急尖，基部下延；侧脉4对；叶柄长1cm。花单生叶腋；花梗长4～5cm；花萼裂片狭披针形；花冠蓝色，漏斗状，裂片倒卵形，雄蕊着生于花冠筒中部之下；子房由2个心皮所组成。蓇葖果长约5cm。花期3～5月。

习　　性：喜半荫、湿润；过于干旱则生长不良；对土壤要求不严。

观赏特性：蓝花开于浓绿成片的叶丛中，清新而淡雅，极具观赏性。

园林应用：在林缘或林下成片栽植作地被，也可用作垂直绿化，尤其适合栽于建筑物阴面和路边斜坡，有利保持水土；也可于山石避光面栽植，以覆被山石使之更显生气。

品　　种：花叶蔓长春花'Variegata'：叶缘具白色边，叶面有黄色斑点。

168 软枝黄蝉（黄兰蝉、黄莺） *Allemanda cathartica* Linn. 夹竹桃科

识别特征：常绿蔓状灌木，具乳汁。叶 3～5 枚轮生，椭圆形或倒披针状矩圆形，长 6～15cm，宽 4～5cm；叶柄长约 5mm。聚伞花序顶生；花冠黄色，漏斗状，长 7～14cm，花冠筒长 4～8cm，花冠裂片 5 枚，向左覆盖，圆形或卵圆形，顶端钝；雄蕊 5 枚，着生冠筒喉部，花药与柱头分离。蒴果近球形，长约 3～7cm，被刺，刺长达 1cm。花期春夏。

习　　性：喜向阳、温暖、湿润，并有一定抗旱性；好砂壤土，要求肥沃、排水及透气性好的土质，不耐低温。

观赏特性：花大而美丽，花期长，叶色光亮。

园林应用：适宜公园、路旁、池畔等处群植或作花篱，也可作地被丛植、片植等。

169 络石（石龙藤、耐冬、白花藤、万字茉莉、软筋藤、扒墙虎） *Trachelospermum jasminoides* (Lindl.) Lem. 夹竹桃科

识别特征：常绿木质藤本，长达 10m，具乳汁；茎圆柱形。叶对生，革质或近革质，椭圆形至宽倒卵形，长 2～10cm，宽 1～4.5cm，顶端锐尖至渐尖或钝，基部渐狭至钝。二歧聚伞花序腋生或顶生；花白色，芳香；子房由 2 个离生心皮组成。蓇葖果 2，长 10～20cm；种子多数，顶端具白色绢质种毛。花期 3～7 月，果期 7～12 月。

习　　性：喜光而又耐荫，耐旱也耐湿，对土壤要求不严，以排水良好的砂壤土最为适宜。

观赏特性：藤蔓攀绕，叶色浓绿光亮，花白如雪，是优美的攀援植物。

园林应用：多用于攀附墙壁、枯树，或专设支架，亦可点缀山石、陡壁等。

品　　种：(1) 小叶络石 'Heterophyllum'：叶狭，披针形。

(2) 斑叶络石 'Variegatum'：叶具白色或浅黄色斑纹，边缘乳白色。

170 纽子花　　　　　　　　　　Vallaris solanacea (Roth) O.Ktze.　　夹竹桃科

识别特征：落叶藤本，全株具乳汁。叶对生，薄纸质，具密生的透明油腺点，叶片卵圆形至卵圆状椭圆形，先端短渐尖或锐尖，基部锐尖至楔形，长3.5～6cm；叶柄上面具槽，长3～5mm。花4～8朵组成假伞形状或伞房状的聚伞花序；花冠白色至淡黄色，花冠筒圆筒状五棱形，长4mm，雄蕊着生在花冠筒的喉部，花丝短，花药箭头状。蓇葖长圆形；种子卵形，顶端具种毛。花期3～7月，果期5～8月。

习　　性：喜生长在湿度较大、土壤肥沃和有攀援支撑物的环境。

观赏特性：枝叶繁茂，花形奇特，花色美，藤蔓攀绕。

园林应用：花期较长，宜植于棚架下，让其攀上棚顶作蔽荫植物。

171 玉叶金花（白纸扇、良口茶）　　Mussaenda pubescens Ait.f.　　茜草科

识别特征：攀援灌木，嫩枝被贴伏短柔毛。叶对生或轮生，膜质或薄纸质，卵状长圆形或卵状披针形，长5～8cm，宽2～2.5cm，顶端渐尖，基部楔形；叶柄长3～8mm，被柔毛；托叶三角形，长5～7mm。聚伞花序顶生，花梗极短或无梗；花萼管陀螺形，长3～4mm；萼裂片5，4片线形，1片增大呈阔椭圆形，白色，长2.5～5cm，有纵脉5～7条；花冠黄色，花冠管长约2cm。浆果近球形，熟时黑色。花期6～7月。

习　　性：喜半荫环境，好温暖湿润，多生于酸性或中性土上；不耐严寒及过分曝晒，萌蘖性强。

观赏特性：变态萼片呈白色阔椭圆形，黄色花冠如黄金打造，其形态新奇别致，且花期长，故为园林中观赏佳品。

园林应用：可在河畔、池边、小桥头栽植，任其垂枝水面；或立支架矮棚，引其攀援；亦可植于山石旁任其攀附。

172 凌霄（紫葳、中国凌霄、大花凌霄、接骨丹） Campsis grandiflora (Thunb.) Loisel. 紫葳科

- 识别特征：攀援藤本。叶对生，奇数羽状复叶；小叶7～9枚，卵形至卵状披针形，顶端尾状渐尖，基部阔楔形，长3～9cm，边缘有粗锯齿；叶轴长4～13cm。圆锥花序顶生，花序轴长15～20cm，花萼钟状，长3cm，花冠内面鲜红色，外面橙黄色，长约5cm，裂片半圆形；雄蕊着生于花冠筒近基部，花丝线形，细长；花柱线形，长约3cm。蒴果顶端钝。花期5～8月。
- 习　　性：喜温暖湿润气候，不耐寒，略耐荫，喜排水良好的土壤，有一定的耐盐碱能力，适生范围大，适应性强。
- 观赏特性：树形优美，柔条细蔓，花大而香，花色艳丽，花期长。
- 园林应用：宜于居民住宅、机关、厂矿、医院和学校选作攀援绿化树种，尤宜用来营造凉棚、花架以及绿化阳台和廊柱等。

173 厚萼凌霄（美国凌霄、杜凌霄、上树龙） Campsis radicans (L.) Seem. 紫葳科

- 识别特征：落叶藤木；具气生根。羽状复叶对生，小叶9～11，叶椭圆形至卵状椭圆形，长3～6cm，宽2～4cm，顶端尾状渐尖，基部楔形，边缘具齿，叶面光滑，背面沿中脉密生白色柔毛。聚伞花序顶生；花萼钟形，质厚，橘黄色，光滑，长2～3cm，5浅裂，萼片三角形卵形、先端渐尖、微向外翻卷，萼筒无棱；花冠漏斗形，长6～9cm，黄红色，花径4～5cm，花冠裂片橙红色。蒴果长圆柱形，长8～12cm。
- 习　　性：喜温暖、湿润、阳光充足的环境，有一定的耐寒性。
- 观赏特性：枝叶繁茂，花色鲜艳，花形美丽。
- 园林应用：可地栽或盆栽，适合庭院筑架、亭廊、水榭、楼台及墙垣等处的垂直绿化。

174 绿萝（黄金葛、魔鬼藤、是柑子） *Epipremnum aureum* (Linden et André) Bunting Ann. 天南星科

识别特征：常绿藤本，茎节有气生根；多分枝；幼枝鞭状，细长。叶片薄革质，翠绿色，通常叶面有不规则纯黄色斑块，全缘，先端短渐尖，基部深心形，叶脉在两面略隆起。
习　　性：喜温暖、潮湿环境，要求土壤疏松、肥沃、排水良好。
观赏特性：茎细软，叶片娇秀，蔓茎从容下垂。
园林应用：于室内、室外攀援观赏。在室内向阳处可四季摆放。

花卉植物

175 野棉花（假桃花、野梅花、粘油子、地桃花、刀伤花、野桐乔） *Anemone vitifolia* Buch.-Ham.ex.DC. 毛茛科

识别特征：多年生草本，株高 1m。基生叶 2～5，有长柄；叶片心状卵形或心状宽卵形，长 10～22cm，顶端急尖，3～5浅裂，边缘具小齿牙。花两性，花葶粗壮，有密或疏的柔毛；聚伞花序长 20～60cm，萼片5，白色或带粉红色，倒卵形。聚合瘦果球形。花期 7～10 月，果期 11 月。

习　　性：喜阳光充足、潮湿环境，也耐干旱。

观赏特性：花色艳丽多彩，花朵大，是较好的园林观赏花卉。

园林应用：本种适应性较强，适于林缘、草坡、草坪上大面积种植，也可用于布置花境等。

176 月季（四季蔷薇、月月花、月月红） *Rosa chinensis* Jacq. 蔷薇科

识别特征：高 1～2m，小枝粗壮，近无毛，有短粗的钩状皮刺或无刺。羽状复叶互生，小叶 3～5（7），两面近无毛，顶生小叶片有柄，侧生小叶片近无柄，总叶柄较长，有散生皮刺和腺毛；托叶大部贴生于叶柄，边缘常有腺毛。花两性，数朵集生，稀单生；花红色、粉红色至白色。蔷薇果卵球形或梨形，红色，萼片脱落。花期 4～9 月，果期 6～11 月。

习　　性：喜光灌木，适应性强，对土壤要求不严，喜富含有机质、排水性良好的微酸性土壤。

观赏特性：为世界著名观花灌木，品种繁多；花期特长，香味浓郁；适应性强。

园林应用：多用于花篱、平面绿化、垂直绿化、盆栽等，也是主要的鲜切花之一。

177 虞美人 （小种罂粟花、丽春花、赛牡丹、蝴蝶满园春、锦被花、百般娇） *Papaver rhoeas* L. 罂粟科

识别特征：株高30～90cm，茎细长，分枝细弱。全株被淡黄色刚毛，具白色乳汁。叶互生，叶片为不整齐的羽状分裂，有锯齿。花单生于茎顶，具长梗，花蕾下垂，花开后花梗直立，花朵向上，花瓣质薄，具光泽；花径4.5cm以上；花瓣宽倒卵形或近圆形，全缘或稍裂。花色有深红、鲜红、粉红、紫红、淡黄、白色和复色，有的具不同颜色镶边，有的在花瓣基部具黑色斑点。蒴果杯形，种子褐色。花果期3～8月。

习　　性：喜阳光充足，温暖湿润气候，较耐寒，对土壤要求不严，但在排水良好、肥沃的砂质壤土中生长最佳。

观赏特性：姿态俊秀，花色绚丽，兼具素雅与华丽之美。

园林应用：是春季装饰公园、绿地、庭院的理想材料。适于种植花坛、花带或成片种植。

178 三色堇 （蝴蝶花、蝴蝶梅、鬼脸花、人面花、猫儿脸） *Viola tricolor* L. 堇菜科

识别特征：株高15～20cm，从根际生出分枝，呈丛生状。叶互生，基生叶有长柄，叶片近圆心形；茎生叶卵状长圆形或披针形，边缘有圆钝锯齿；托叶大，基部羽状深裂。花两性，腋生而下垂，花瓣5，不整齐，通常每朵花有蓝紫、白、黄三色，假面状，覆瓦状排列，距短而钝，园艺品种很多，有白、黄、橙、红、蓝、紫等色。蒴果，种子卵圆形。花期4～7月，果期5～8月。

习　　性：较耐寒，喜肥沃、排水良好、富含有机质的中性壤土或粘壤土。

观赏特性：株形低矮，花色浓艳、丰富，花小巧而有丝质光泽，在阳光下非常耀眼，美丽叶丛上的花朵随风飘动，似蝴蝶翩翩飞舞，是传统的园林花卉。

园林应用：多用于花坛、花境及镶边植物和春季球根花卉的"衬底"栽培，可用于盆花，水养持久，也可作为切花。

179 鸡冠花（鸡公花、红鸡冠、鸡冠头）　　Celosia cristata L.　　苋科

识别特征：一年生草本，株高 30～90cm，茎直立，少分枝。单叶互生，卵形或线状披针形，全缘，绿色或红色，叶脉明显，叶面皱褶。花两性，穗状花序单生茎顶，花托膨大为肉囊似鸡冠，红色或黄色，还有红、黄相间色，花小，具小苞片，花被片红色或黄色。花期 7～9 月。

习　　性：喜阳光充足、炎热和空气干燥的环境，以及疏松肥沃和排水良好的土壤。

观赏特性：叶有深红、翠绿、黄绿、红绿等多种颜色；花聚生于顶部，形似鸡冠，扁平而厚软，长在植株上呈倒扫帚状。花色亦丰富多彩，有紫色、橙黄、白色、红黄相杂等色，观赏价值较高。

园林应用：矮型及中型鸡冠花用于花坛和盆栽观赏，高型鸡冠花用于花境和切花，也可制成干花。

180 天竺葵（入腊红、洋绣球、洋葵、石腊红）　　Pelargonium hortorum Bailey　　牻牛儿苗科

识别特征：多年生草本，株高 30～60cm。茎肉质、粗壮，多分枝，老茎木质化。全株密被细白毛，具特殊气味。叶互生，圆形或肾形，叶缘波状，浅裂，叶有明显的暗红色马蹄形环纹。伞形花序，腋生，花左右对称，花色有红、紫、粉红、白等，花瓣与花萼均为 5 枚。蒴果鸟喙状，被毛。花期 5～7 月，果期 6～9 月。

习　　性：喜光，忌炎热，夏季喜半荫，不耐寒，不耐湿，对土壤要求不严。

观赏特性：植株低矮，株丛紧密，开花繁茂，花团锦簇，花期长，是仲夏和初夏重要的园林花卉。

园林应用：可植于花坛、种植钵中，也可盆栽，是常用的阳台花卉。

181 旱金莲（金莲花、旱荷花、荷叶莲、大红雀） *Tropaeolum majus* L. 旱金莲科（金莲花科）

识别特征：一或二年生草本，茎细长，肉质中空，半蔓性或倾卧，灰绿色，长可达1.5m。单叶互生，圆形似盾状，边缘有波状钝角，具很长的叶柄与叶片中央相连接。花两性，单生叶腋，花梗长6～13cm，一枚花萼向后延伸成距，距长2.5～3.5cm；花瓣5枚，具爪，花色丰富。瘦果淡白绿色，表面多行纵沟纹，种子肾形。花期6～10月，果期7～11月。

习　　性：喜阳光充足和排水良好的肥沃土壤。喜凉爽，不耐热，越冬温度10℃以上。

观赏特性：叶肥花美，花色有紫红、橘红、乳黄等，在环境条件适宜的情况下，全年均可开花，全株可同时开出几十朵花。

园林应用：露地栽培可布置花坛或植于栅篱旁，假山旁，也可作地被植物或切花用；或植于吊盆、种植钵中等用于垂直绿化。盆栽可装饰阳台和窗台或置于室内书桌、几架上观赏。

182 凤仙花（指甲草、金凤花、急性子、透骨草） *Impatiens balsamina* L. 凤仙花科

识别特征：一年生草本，株高30～60cm。茎肉质，红褐或淡绿色，节部膨大。单叶互生，卵状披针形，边缘有锯齿，叶柄基部有数对具柄腺体。花两性，单生或数朵簇生叶腋，侧向开放；萼片3，两侧较小，后面一片较大呈囊状，基部有距；花瓣5枚，呈白、粉红、深红、紫红等色。蒴果具绒毛，成熟时易爆裂弹出种子。花期7～10月。

习　　性：喜阳光，温暖和湿润的气候，耐热不耐寒，适生于疏松肥沃微酸性土壤中，但也耐瘠薄。

观赏特性：株型多变，花色丰富，花型多样，是中国民间较受欢迎的花卉之一。

园林应用：依品种不同，可供花坛、花境、花篱等栽植。矮小而整齐的也可作盆花，高大类型，夏季可代替灌木布置。

183 紫茉莉 （草茉莉、胭脂花、夜晚花、地雷花） *Mirabilis jalapa* L. 紫茉莉科

识别特征：一年生草本，高可达1m。主茎直立，圆柱形，多分枝，无毛或疏生细柔毛，节稍膨大。单叶对生，叶片卵形或卵状三角形，长3~15cm，宽2~9cm，顶端渐尖，基部截形或心形，全缘。花两性，数朵簇生枝端；萼片呈花瓣状，花被白、黄、红、粉、紫等色，高脚碟状，筒部长2~6cm，檐部直径2.5~3cm，5浅裂。瘦果卵形，黑色，有棱。花期6~10月，果期7~11月。

习　　性：喜温暖湿润的环境，适于土层深厚、肥沃、疏松的土壤，在略有蔽荫处生长更佳。

观赏特性：花数朵顶生，萼片呈花瓣状，花色有白、黄、红、粉、紫色等，是较好的园林观赏花卉。

园林应用：可片植或丛植于花境、疏林下、草坪边或用作庭院栽培，也可大片自然栽植，又用作花坛或盆栽，在傍晚休息或夜间纳凉之地布置，尤其适宜。

184 四季秋海棠 （玻璃海棠、洋海棠、瓜子海棠、四季海棠） *Begonia semperflorens* Link et Otto 秋海棠科

识别特征：肉质多年生草本，高15~30cm，茎光滑，多分枝。单叶互生，卵形至广卵形，基部微斜，缘有齿或睫。花单性，聚伞花序，雌雄同株，花色红、粉红及白色，花瓣重瓣或单瓣。蒴果绿黄色，具微红色的翅。花期长，可四季开放。

习　　性：喜温暖，不耐寒，低于10℃生长缓慢，不耐干燥，但忌积水，喜半荫环境，忌夏日阳光曝晒、雨淋。

观赏特性：姿态优美，叶色娇嫩光亮，花朵成簇，四季开放，是常见和栽培普遍的种类。

园林应用：可布置于城市中心广场、花坛、花槽，组成景点，或加工成立体花柱、花伞及吊盆悬挂，也适于点缀家庭书桌、茶几、案头和商店橱窗、会议条桌、餐厅台桌摆放。

185 令箭荷花 (红孔雀、孔雀仙人掌、孔雀兰) *Nopalxochia ackermannii* Kunth 仙人掌科

识别特征：附生型灌木状多浆植物。茎扁平多分枝，叶状，高可达1m，枝呈披针形或线状披针形，基部细圆叶柄状，边缘具波状偏斜圆齿，全株鲜绿，嫩枝边缘为紫红色。花两性，单生于刺丛间，漏斗形，径10~15cm，长15~20cm，玫瑰红色，花被片开展，约2倍长于花筒管。花期4~5月。

习　　性：喜温暖、湿润环境和肥沃、疏松、排水良好的微酸性腐殖质土壤，不耐寒。

观赏特性：茎叶似令箭，花似荷花，花大色艳，花色丰富，是美丽的园林观赏植物。

园林应用：可盆栽欣赏，也是窗前、阳台和门廊点缀的佳品。

186 猩猩草 (老来娇、草本象牙红、草本一品红) *Euphorbia cyathophora* Murr. 大戟科

识别特征：一年生或多年生草本；茎直立，上部多分枝，高可达1m，直径3~8mm，光滑无毛。叶互生，卵形、椭圆形或卵状椭圆形，先端尖或圆，基部渐狭，长3~10cm，宽1~5cm；具不规则的深缺刻。花单性同株，聚伞状，总苞形似叶片，基部大红色。蒴果三棱球形，种子卵状椭圆形。花果期5~11月。

习　　性：喜温暖干燥和阳光充足环境，不耐寒，耐半荫，怕积水，宜种植于疏松肥沃和排水良好的腐殖质土壤中。

观赏特性：叶形不规则，叶色浓绿，花序下面一轮叶片的基部呈鲜红色，红白镶嵌，有时还出现白色或深红色彩斑，具有较高的观赏价值。

园林应用：常用作花境或空隙地的背景材料，也可作盆栽和切花材料，可在花坛、树丛边缘或街头绿地种植，也可作盆花或插花用。

187 长春花（日日春、日日新、日日草、山矾花、四时春、时钟花） *Catharanthus roseus* (L.) G.Don   夹竹桃科

识别特征：多年生半灌木，高30～60cm，矮生种仅25cm。单叶对生，膜质，倒卵状矩圆形，浓绿色而具光泽，叶脉浅色。聚伞花序顶生或腋生，花冠深玫瑰红色，花径约3cm，雄蕊处红色。蓇葖果双生，直立。花果期几全年。

习　　性：喜温暖，阳光充足的环境，畏严寒，忌水湿，对土壤要求不严，在富含腐殖质的松软壤土中生长良好。

观赏特性：株形整齐，叶片苍翠具光泽，花色多样，花期长，是我国江南园林中最常见的草本花卉。

园林应用：适宜盆栽，在温暖地区，可植于林下作地被植物，也可作花境、花坛的配置材料。

188 万寿菊（臭芙蓉、蜂窝菊、臭菊、千寿菊） *Tagetes erecta* L.   菊科

识别特征：一年生草本，株高50～100cm；全株具异味，茎粗壮，绿色，直立。单叶对生，羽状全裂，裂片披针形，具锯齿，上部叶时有互生，裂片边缘有油腺，锯齿有芒。头状花序着生枝顶，径可达10cm，黄或橙色，总花梗肿大。瘦果黑色，冠毛淡黄色。花期8～9月。

习　　性：喜温暖，阳光充足的环境，抗性强，对土壤要求不严，较耐干旱。

观赏特性：植株紧凑，花大色美，花期长，是布置花坛的好材料。

园林应用：可用来布置花坛、花境、绿地内图案栽植，也可盆栽。

189 大丽花（大丽菊、大理花、西番莲、天竺牡丹）   *Dahlia pinnata* Cav.   菊科

识别特征：多年生草本，高 50～100cm，地下具肥大纺锤状肉质块根，茎中空。叶对生，1～3回羽状分裂，小叶卵形，正面深绿色，背面灰绿色，具粗钝锯齿，总柄微带翅状。花两性，头状花序，具长梗，顶生或腋生，外围舌状花色彩丰富而艳丽，除蓝色外，有紫、红、黄、雪青、粉红、洒金、白、金黄等色。瘦果长圆形，黑色，扁平。花期 6～12 月。

习　　性：喜凉爽气候，不耐严寒与酷暑，忌积水又不耐干旱，以富含腐殖质的砂壤土为佳，喜光。

观赏特性：花形大小各异，花色丰富多彩，花姿变化多端，花期长，为优良的园林绿化、美化材料。

园林应用：用于花坛、花境、花丛的栽植，矮生种可地栽，亦可盆栽，用于庭院内摆放成盆花群或室内及会场布置，也可做切花。花朵亦是花篮、花圈、花束的理想材料。

190 铁梗报春（铁丝报春）   *Primula sinolisteri* Balf.f.   报春花科

识别特征：多年生草本；根状茎粗壮，木质，长可达 12cm，径 5mm。叶丛生，阔卵圆形至近圆形，长 2～8.5cm，宽 2～7cm，先端圆形或钝，基部心形，边缘波状浅裂，裂片阔三角形或近圆形。花两性，伞形花序 2～8 花，花冠白色或淡紫色。蒴果球形，短于宿存花萼。花期 2～8 月。

习　　性：喜排水良好、多腐殖质的土壤，较喜湿，但需稍干燥，苗期忌强烈日晒和高温，喜温暖通风的环境。

观赏特性：植株低矮秀雅，花姿艳丽多彩，花期长，是优良的观赏花卉。

园林应用：适宜花境、假山、岩石园、野趣园点缀，或作盆花观赏。

191 矮牵牛（碧冬茄、灵芝牡丹） *Petunia hybrida* Vilm. 茄科

识别特征：多年生草本，常作一、二年生栽培，株高30～60cm，全株被粘毛，茎基部木质化，嫩茎直立，老茎匍匐状。单叶互生，卵形，全缘，近无柄，上部叶对生。花两性，单生叶腋或顶生，花较大，花冠漏斗状，边缘5浅裂，花色为紫红、白、黄、间色等，有单瓣和重瓣种。蒴果圆锥状，2瓣裂。花期4～10月。

习　　性：喜温暖、湿润的环境，不耐寒，喜光，也不耐酷暑，喜疏松、排水良好的微酸性土壤。

观赏特性：花大色艳，花冠漏斗形，花期长，开花量大，为长势旺盛的装饰性花卉，是优良的观花植物。

园林应用：可广泛用于花坛布置，花槽配置，景点摆设，窗台点缀，家庭装饰等。

192 金鱼草（龙头花、龙口花、狮子花、洋彩雀） *Antirrhinum majus* L. 玄参科

识别特征：多年生草本，株高20～70cm。叶基部对生，上部螺旋状互生，叶片长圆状披针形。花两性，顶生总状花序，花冠筒状唇形，基部膨大成囊状，上唇直立，2裂，下唇3裂，开展外曲，有白、淡红、深红、肉色、深黄、浅黄、黄橙等色。花期5～7月。

习　　性：喜凉爽气候，忌高温多湿，较耐寒；喜光，稍耐半荫；喜疏松肥沃、排水良好的土壤，稍耐石灰质土壤。

观赏特性：株形挺拔，花色浓艳丰富，花形奇特，花色多样。

园林应用：高、中型宜作切花及花境栽培；中、矮型可用于各式花坛和盆栽观赏；金鱼草对有害物质抗性强，也适宜配植在工矿企业等处。

193　毛地黄（自由钟、洋地黄）　　　*Digitalis purpurea* L.　　　玄参科

识别特征：多年生草本，株高约1m。茎直立，少分枝，全株被短柔毛。单叶互生，叶面粗糙皱缩，卵形或卵状披针形，基生叶具长柄，茎生叶柄短或无叶柄，叶形自下至上渐小。花两性，总状花序顶生，长达60cm，花偏生一侧下垂，花冠筒状钟形，长3～4.5cm。蒴果卵形，长约1.5cm。花期5～6月。

习　　性：耐寒，耐旱，耐半荫，要求土壤疏松、湿润、排水良好。

观赏特性：花序长、奇特，花色艳丽、丰富，是较好的园林观赏花卉。

园林应用：适用于花境、花坛、岩石园点缀，也是庭院中自然式布置的重要材料，矮生种还可用于盆栽观赏。

194　三对节（三台红花、三台花、对节生、大叶土常山）　　*Clerodendrum serratum* (L.) Moon　　马鞭草科

识别特征：茎圆形或呈四棱，节膨大。叶片厚纸质，对生或轮生，倒卵状长圆形或长椭圆形，长6～30cm，宽2.5～11cm，顶端渐尖或锐尖，基部楔形或下延成狭楔形，边缘具锯齿。聚伞花序组成直立、开展的圆锥花序，顶生，长10～30cm，宽9～12cm，密被黄褐色柔毛。核果近球形，绿色后变黑色。花果期6～12月。

习　　性：喜温暖湿润，喜光，也可稍耐半荫，忌水湿，耐修剪。

观赏特性：花色艳丽，花期长，叶柔而嫩绿，是一种新颖的园林观赏花卉。

园林应用：可植于花坛、花境，或大片种植，也适宜缓坡、林缘、路旁栽植。

变　　种：三台花 *C. serratum* var. *amplexifolium*：叶片基部下延成耳状抱茎，叶和花序较大。

195 一串红 (爆竹红、墙下红、西洋红、撒尔维西) *Salvia splendens* Ker-Gawl. 唇形科

识别特征：多年生草本，株高 30～80cm，茎直立，多分枝，四棱形，茎节常为紫红色；光滑。叶对生，卵形，边缘有锯齿。顶生总状花序，花冠唇形，花冠与花萼同色，花萼宿存。小坚果椭圆形。花期 3～10 月。

习　　性：喜温暖湿润和阳光充足的环境条件，不耐寒，怕霜冻。

观赏特性：植株紧凑，开花时花覆盖全株；花序如同串串爆竹，花落后花萼宿存，品种有鲜红、白、粉、紫等多种颜色及矮生品种。

园林应用：多用于花坛、花带、花境或盆栽。

品　　种：(1) 一串紫'Salvia atropurpurea'：花冠紫色。

(2) 一串白'Salvia alba'：花冠白色。

196 地涌金莲 *Musella lasiocarpa* (Fr.) C.Y.Wu ex H.W.Li 芭蕉科

识别特征：多年生常绿草本植物。茎丛生，具水平生长的匍匐茎，地上部为假茎，高约 60cm，叶片长椭圆形，长达 0.5m，宽约 20cm 先端锐尖，基部近圆形。花序直立，生于假茎顶端，密集如球穗状，苞片黄色，花被呈紫色。浆果，三棱状卵形。花期几全年。

习　　性：喜光，亦耐半荫，好温暖，忌寒冻，喜疏松肥沃、排水良好的砂质壤土。

观赏特性：短茎上突出偌大莲座状花序，金黄色苞片，是园林中栽培观赏的佳品。

园林应用：适宜山石旁、亭廊、角隅、棚架下栽培点缀，也供花坛中心栽植。

197 瓷玫瑰（火炬姜、菲律宾蜡花） *Etlingera elatior* (Jack) R.M.Sm. 姜科

识别特征：地下茎圆球形或圆锥形，球茎下部生有数条营养根，根尖膨大成球形，为营养的贮藏器官。叶片长椭圆形，中脉略带紫红色。头状花序顶生，其苞片有两种，上半部由具有色彩鲜艳，体积较大的苞片组成，下半部由绿色半圆形苞片组成，小花着生于下部的苞片中。花期5～10月。

习　　性：喜高温、高湿、阳光充足的气候，喜富含腐殖质的砂质壤土。

观赏特性：叶色翠绿，有光泽；花序硕大，肥厚，具犹如瓷器般光亮蜡质的层层总苞片，艳丽如玫瑰，是一种新颖的宿根花卉。

园林应用：宜在开阔的草地丛植、片植，或作花境背景，也可盆栽供室内观赏，亦可作切花材料。

198 萱草（黄花菜、忘忧草、金针花、川草花） *Hemerocallis fulva* (L.) L. 百合科

识别特征：多年生草本，根状茎纺锤形，肉质。叶基生，线状披针形，中脉明显，叶细长，拱形下垂。顶生聚伞花序排成圆锥状，具花6～12，花冠漏斗形，花被6片，每轮3片，花瓣略反卷，花色桔红至桔黄色。蒴果。花果期5～7月。

习　　性：喜光，也耐半荫，对土壤要求不严，但以富含腐殖质、排水良好的湿润土壤为好，耐瘠薄和盐碱，也较耐旱。

观赏特性：花色鲜艳，花茎高显，栽培容易，且春季萌发早，绿叶成丛极为美观。

园林应用：多丛植或岩石园自然栽植，可布置在花境或路旁作边缘及背景材料，亦可作鲜切花。

| 199 玉簪 | （内消花、玉簪、白鹤花、白鹤仙、白萼、白玉簪、小芭蕉、金销草、化骨莲） | *Hosta plantaginea* (Lam.) Aschers. | 百合科 |

识别特征：多年生草本，根状茎粗壮。叶基生，卵状心形、卵形或卵圆形，长 14～24cm，宽 8～16cm，先端渐尖，基部心形，侧脉 6～10 对，叶柄长 20～40cm。花葶生于叶丛中央，高 40～80cm，总状花序，花白色，夜间开放，芳香；花柄基部常有膜质卵形苞片；花被漏斗状，上部 6 裂，下部花被筒很长，喉部扩大；雄蕊 6，与花被等长；雌蕊 1，子房无柄，花柱线形，柱头小。蒴果窄长，长 4～6cm。花期 7～10 月，果期 8～11 月。

习　　性：喜温暖、湿润、阳光充足、通风良好的环境条件，适应性较强。

观赏特性：花序长，着花疏而优雅，是花境中优良的竖线条花卉，花期长，花浓香，是美丽的夏季观赏植物。

园林应用：多用于花坛、花带、花境或盆栽。多植于林下作地被，或植于建筑物庇荫处以衬托建筑，或配植于岩石边，也可盆栽等。

| 200 文殊兰 | （文珠兰、白花石蒜、十八学士、引水蕉） | *Crinum asiaticum* L. var. *sinicum* (Roxb.ex Herb.) Baker | 石蒜科 |

识别特征：多年生粗壮草本，鳞茎长柱形。叶 20～30 枚，多列，带状披针形，长可达 1m，宽 7～12cm 或更宽，顶端渐尖，具 1 急尖的尖头，边缘波状，暗绿色。花茎直立，几与叶等长，伞形花序有花 10～24 朵，佛焰苞状总苞片披针形，小苞片狭线形。蒴果近球形。花期夏季。

习　　性：性强健，耐旱、耐湿、耐荫，各种光照条件均可生长，喜肥沃、湿润的土壤。

观赏特性：植株洁净美观，常年翠绿，花生于粗壮的花茎上，花瓣细裂反卷，开花时芳香馥郁，是常见的园林观赏植物。

园林应用：可用于布置会场、大厅，或植于花境中，丛植于建筑物及路旁，也可盆栽观赏。

| 201 朱顶红 （孤挺花、百支莲、华胄兰、喇叭花） | *Hippeastrum rutilum* (Ker-Gawl.) Herb. | 石蒜科 |

识别特征：多年生草本。地下鳞茎肥大，球形。叶着生于茎顶部，4～8枚呈二列迭生，带状质厚，花、叶同发，或叶发后数日即抽花葶，花葶粗状，直立，中空，高出叶丛。近伞形花序，每花葶着花2～6朵，花较大，漏斗状，红色或具白色条纹，或白色具红色、紫色条纹。花期4～6月。

习　　性：喜温暖湿润气候，忌酷热，怕水涝，喜富含腐殖质、排水良好的砂壤土。

观赏特性：叶肥厚，宽带状，花色丰富，花被质地轻柔，花朵大型挺立，充满活力。

园林应用：可植于花境、花坛或在草地、篱垣旁、山石角隅处丛植，也可盆栽或供室内装饰及切花用。

| 202 百子莲 （非洲百合、蓝花君子兰、百子兰、紫穗兰） | *Agapanthus africanus* (L.) Hoffm. | 石蒜科 |

识别特征：多年生草花。叶线状披针形或带形，生于短根状茎上，左右排列，深绿色，光滑。顶生伞形花序，有花10～50朵，外被2大苞片，花后即落，花冠漏斗形，蓝紫色；蒴果。花期6～8月。

习　　性：喜温暖湿润，好半荫环境，较耐寒，对土壤要求不严，以肥沃的砂壤土为好。

观赏特性：原产南非，因其花后结籽众多而得名。叶丛浓绿光亮，花朵繁茂，花色淡雅，是夏季湿地边较好的观赏花卉。

园林应用：适宜于半荫处露地栽培，植于花境、花坛中，或盆栽观赏。

203 箭根薯（老虎须、山大黄、大水田七、大叶屈头鸡、蒟蒻薯） *Tacca chantrieri* Andr 箭根薯科（蒟蒻薯科）

识别特征：多年生草本；根状茎粗壮，近圆柱形。叶片长圆形或长圆状椭圆形，长 20～60cm，宽 7～24cm，顶端短尾尖，基部楔形或圆楔形，两侧稍不相等，叶柄长 10～30cm，基部具鞘。花两性，花葶较长，总苞片 4 枚，小苞片线形。浆果肉质，椭圆形，紫黑色。

习　　性：喜温暖、湿润、半荫的环境，在华南、西南地区一般分布于低山沟谷密林下或溪边沼泽地，不择土壤。

观赏特性：苞片条形，向外伸展，似虎须状，非常独特，花叶俱美，是极为理想的观叶观花植物。

园林应用：在园林中主要应用于庭院绿化布置、道旁、池畔等。

204 凤尾丝兰（凤尾兰、剑麻、千手兰、剑叶丝兰、菠萝花） *Yucca gloriosa* L. 龙舌兰科

识别特征：常绿灌木，茎通常不分枝或分枝很少。叶片剑形，长 40～70cm，宽 3～7cm，顶端尖硬，螺旋状密生于茎上，叶质较硬，有白粉，边缘光滑或老时有少数白丝（别于丝兰）。花两性，圆锥花序高达 1.5m，花冠杯状，下垂，花瓣 6，乳白色。蒴果椭圆状卵形，长 5～6cm，不开裂。

习　　性：喜温暖湿润和阳光充足环境，耐寒，耐阴，耐旱也较耐湿，对土壤要求不严。

观赏特性：常年浓绿，花、叶皆美，株形奇特，叶形如剑，开花时花茎高耸挺立，花色洁白，繁多的白花下垂如铃，花期持久，幽香宜人，是良好的庭园观赏树木，也是良好的鲜切花材料。

园林应用：常植于花坛中央、建筑前、草坪中、池畔、台坡、建筑物、路旁等处或作绿篱等。

湿地植物

205 睡莲（子午莲、水莲） *Nymphaea tetragona* Georgi 睡莲科

识别特征：多年生宿根水生植物；根状茎粗短。叶丛生，纸质，心状卵形或卵状椭圆形，基部具深弯缺，裂片急尖，全缘，上面光亮，下面带红色或紫色，具小点。花瓣白色（栽培品种颜色较多），宽披针形、长圆形或倒卵形。浆果球形，为宿存萼片包裹；种子椭圆形，黑色。花期6～8月，果期8～10月。

习　　性：喜温暖湿润，土壤肥沃疏松、腐殖质含量高、光照充足的水体环境。

观赏特性：花大，色彩艳丽，是花叶俱美的观赏植物。

园林应用：用于各类水景中，常池栽、缸栽或盆栽，是著名的水景布置材料。

206 莲花（荷花、莲、芙蕖、水芝、水芙蓉、碧环、玉环、鞭蓉） *Nelumbo nucifera* Gaertn. 睡莲科

识别特征：多年生宿根挺水植物。根茎（藕）肥大多节，横生于水底泥中。叶盾状圆形，表面深绿色，被蜡质白粉，背面灰绿色，全缘并呈波状。叶柄圆柱形，密生倒刺。花单生于花梗顶端，高出水面之上。花期6～9月，果期9～10月。

习　　性：喜温暖湿润、土壤肥沃、光照充足的静水环境。

观赏特性：荷花，中国的十大名花之一，花大色艳，清香远溢。

园林应用：植于湖泊、盆栽或瓶插等，是传统的水景布置材料，近年来被广泛应用。

207 亚马逊王莲（王莲） *Victoria amazonica* Sowerby. 睡莲科

识别特征：多年生或一年生大型浮叶草本。根状茎直立，具发达的不定根。叶大，径1～2m，平展于水面，绿色略带微红，有皱褶，叶缘隆起，高8～12cm，背面紫红色，具刺，叶脉为放射网状。花单生，萼片4，卵状三角形；花瓣多数，倒卵形；雄蕊多数，花丝扁平，长8～10mm；子房下位，密被粗刺。浆果球形，种子黑色。花果期7～9月。

习　　性：喜生于高温、高湿、阳光充足的环境中。

观赏特性：在园林水景中称为"水生花卉之王"，是花、叶俱美的观赏植物，其叶是世界上最大的莲叶，有很大的浮力。它的花期一般为3天，第一天傍晚时分开花，白色并伴有芳香；第二天变为粉红色；第三天则变为紫红色，然后闭合凋谢而沉入水中，又有"善变的女神"之称。

园林应用：是热带植物专类园的主要布置材料。因其大型单株具多个叶盘，孤植于小水体效果也很好。

208 萍蓬草（黄金莲、金莲、萍蓬莲、蓬萍草） *Nuphar pumilum* (Hoffm.) DC. 睡莲科

识别特征：多年生宿根草本植物；根状茎肥厚块状，横卧。叶二型，浮水叶纸质或近革质，圆形至卵形，长8～17cm，全缘，基部开裂呈深心形，叶面绿而光亮，叶背隆凸，有柔毛，侧脉细，具数次二叉分枝；叶柄圆柱形；沉水叶薄而柔软。花单生，圆柱状花柄挺出水面，花蕾球形，绿色；萼片5枚，倒卵形、楔形，黄色，花瓣状。花期5～9月，果期7～10月。

习　　性：喜温暖、湿润、阳光充足、土壤疏松肥沃的静水环境。

观赏特性：萍蓬草为观花、观叶植物，多用于池塘水景布置。

园林应用：萍蓬草与睡莲、莲花、荇菜、香蒲、黄花鸢尾等植物配植，可形成绚丽多彩的景观。又可盆栽于庭院、建筑物、假山石前，或在居室前向阳处摆放。

209 三白草（白头翁、塘边藕）　　*Saururus chinensis* (Lour.) Baill.　　三白草科

识别特征：多年生湿生草本植物；根状茎粗，横走。叶卵形或披针状卵形，先端急尖，基部心形，基出脉5；叶基部与托叶合生成鞘状。总状花序顶生，花小，两性，无花被。蒴果。花、果期4～9月。

习　　性：喜温暖、湿润的环境，常生于池塘、沟边的沼泽中。

观赏特性：叶形奇特美丽。

园林应用：在园林水景中常作配景用，或用于沼泽地园林绿化，也可作插花材料。

210 千屈菜（水柳、水枝柳、水枝锦）　　*Lythrum salicaria* Linn.　　千屈菜科

识别特征：多年生宿根挺水草本植物，高达1m；茎干直立，四棱。叶对生或轮生，披针形或宽披针形，叶全缘，无柄。长穗状花序顶生，花小而多，生于叶状苞片腋中，花玫瑰红色或蓝紫色。花期6～10月。

习　　性：喜温暖及光照充足、通风好的沼泽环境。

观赏特性：花色艳丽，花期长而花量大，具有较高的观赏价值。

园林应用：常孤植、丛植或群植于湿地水景边缘，也可作水生花卉园花境背景，还可盆栽摆放庭院中观赏。

| 211 荇菜 （荇菜、水荷叶、大紫背浮萍、水镜草、水葵、金莲子、莲叶荇菜） | *Nymphoides peltatum* (Lévl) Hara | 龙胆科 |

识别特征：多年生浮水草本植物，茎细长而多分枝，密生褐色斑点，具不定根。上部叶对生，下部叶互生，卵圆形，基部开裂呈心形，上面绿色具光泽，背面紫色。花多数，簇生于节上；花冠辐射状，金黄色，裂片边缘宽膜质，近透明，具不整齐的细条裂齿。蒴果椭圆形。花期4～9月，果期9～10月。

习　　性：喜光照充足、肥沃的土壤及浅水或不流动的水域。适应能力极强，耐寒，也耐热。

观赏特性：叶片心形；花多，金黄色浮于水面，花期长。

园林应用：为传统的水景布置材料，近年来多用作水域生态恢复植物。

| 212 慈菇 （茨菰、燕尾草、白地栗、剪刀草） | *Sagittaria sagittifolia* Linn. | 泽泻科 |

识别特征：多年生草本植物，高达50～100cm。根状茎横生，较粗壮，顶端膨大成球茎。基生叶簇生，叶形变化大，出水叶狭箭形，全缘；叶柄粗壮，中空，基部扩大成鞘状；沉水叶线状。花梗直立，总状花序或圆锥花序状，花白色。花期7～10月。

习　　性：喜光照充足、温暖、湿润环境，常生于浅水沟、溪边或水田中。

观赏特性：叶形奇特，是优良的湿生观叶植物。

园林应用：为良好水景材料，可作水边、岸边的绿化材料，也可盆栽观赏。

213 红姜花　　　　　*Hedychium coccineum* Buch.-Ham.　　姜科

识别特征：多年生草本植物，高1～2.5m，地下茎块状。叶长椭圆状披针形，长40～50cm，宽7～15cm。穗状花序圆柱形，顶生，花红色，侧生退化雄蕊花瓣状，花丝长约5cm，唇瓣2深裂。蒴果卵状长圆形，3瓣裂。花期6～8月，果期9～10月。

习　　性：喜温暖湿润、土壤肥沃疏松环境，常生于低海拔山地、水岸边。

观赏特性：株型飘逸，植株翠绿，叶面有光泽，花香馥郁，具有较高观赏价值。

园林应用：在园林中常群植、丛植或孤植于水景边缘，也可用于花境、盆栽等。

214 美人蕉（红艳蕉）　　　　　*Canna indica* Linn.　　美人蕉科

识别特征：多年生草本植物，高1～1.5m。叶卵状长圆形，长10～30cm，羽状平行脉，具叶鞘。顶生总状花序；花红色，两性，退化雄蕊花瓣状。蒴果，外具软刺。花期3～12月。

习　　性：喜阳光充足、温暖、土壤疏松肥沃的环境。

观赏特性：花色丰富、艳丽，花期长，观赏价值高。

园林应用：常片植或丛植于园林水景中，也可用作池塘边点缀材料。

215 再力花（水竹芋、水莲蕉、塔利亚）　*Thalia dealbata* Fras　竹芋科

识别特征：多年生挺水草本，植株高达2m。叶鞘大部分闭合，绿色。叶卵状披针形，全缘。复总状花序，花小，紫色。全株附有白粉。花果期7～11月。

习　　性：喜温暖水湿、阳光充足的环境，在微碱性的土壤中生长良好。

观赏特性：株形美观洒脱，叶色翠绿可爱，观赏价值高。

园林应用：常作为园林水景的点缀材料，应用于各类水景中，或作盆栽观赏。

216 菖蒲（臭菖蒲、水菖蒲、泥菖蒲、大叶菖蒲、白菖蒲）　*Acorus calamus* Linn　天南星科

识别特征：多年生挺水草本植物；有香气。根状茎横走，粗壮，稍扁，有多数不定根（须根）。叶基生，叶片剑状线形，长50～120cm，叶基部成鞘状，中脉明显，两侧均隆起，每侧有3～5条平行脉。花序柄三棱形，呈叶状佛焰苞；肉穗花序直立或斜向上生长，圆柱形，花被片6枚。浆果红色，长圆形，有种子1～4粒。花期6～9月，果期8～10月。

习　　性：生于池塘、湖泊岸边浅水区、沼泽地或池中。

观赏特性：叶丛翠绿，叶形如剑，端庄整齐，全株有香气。

园林应用：可盆栽观赏或作布景用。叶、花序还可以作插花材料，是水景园中主要的观叶植物。

217 海芋（山芋、湿笋、天荷、观音芋） *Alocasia macrorrhiza* (L.) Schott 天南星科

识别特征：多年生湿生草本植物；茎高可达 5m，茎肉质粗壮。叶盾状着生，阔箭形，长 30～90cm，边缘波状，侧脉 9～12 对；叶柄粗壮，基部扩大而抱茎。佛焰苞管长 3～4cm，粉绿色，上部舟状，肉穗花序短于佛焰苞。浆果淡红色。花期 4～5 月，果期 6～9 月。

习　　性：喜高温高湿环境，不耐干旱和长时间积水。

观赏特性：株形优美，茎粗短，叶片肥大翠绿。

园林应用：园林中作水景布置材料，也常于池边、假山旁、客厅等处作观叶植物。

218 大藻（水芙蓉、大眼莲、水浮莲、水白菜） *Pistia stratiotes* Linn. 天南星科

识别特征：多年生漂浮型水生草本植物。具须根，无直立茎。叶无柄，聚生于极度短缩、不明显的茎上，呈莲座状。叶片倒卵状楔形，两面均被短绒毛，先端常被截平而有波折。肉穗花序贴于佛焰苞上，佛焰苞小，淡绿色；花小，单生，无花被，雄花序下有一盘状物，位于佛焰苞中部收缢处；雌蕊单生于佛焰苞的基部。浆果。花果期 5～10 月。

习　　性：喜温暖湿润、光照充足的静水环境。

观赏特性：叶色翠绿，叶形奇特，为观叶植物。

园林应用：是园林水景中水面绿化的良好观叶植物，但生长迅速，具有一定的侵染性，应定期打捞。

| 湿地植物 | 119

219 马蹄莲（慈菇花、水芋马、观音莲） *Zantedeschia aethiopica* (L.) Spreng. 天南星科

识别特征：多年生草本。具肥大肉质块茎，株高约 1～2.5m。叶基生，具长柄，上部具棱，下部呈鞘状折叠抱茎；叶卵状箭形，全缘，鲜绿色。花梗着生叶旁，肉穗花序包藏于佛焰苞内，佛焰苞形大、开张呈马蹄形；肉穗花序圆柱形，鲜黄色。果实肉质，包在佛焰苞内。花期从 11 月直到翌年 6 月。

习　　性：常生于河流旁或沼泽地中，喜温暖潮湿的环境。

观赏特性：叶片翠绿，花苞片洁白硕大，宛如马蹄，形状奇特。

园林应用：作园林水景的主体材料，或作切花应用。

220 龟背竹（蓬莱蕉、穿孔喜林芋、铁丝兰、龟背芋、透龙掌） *Monstera deliciosa* Liebm. 天南星科

识别特征：多年生攀援藤状植物。茎粗壮，气生根发达。幼叶心形，无孔，全缘；成长叶羽状分裂，厚革质，暗绿色，叶脉间具不规则的空洞。肉穗花序，雄花着生花序上部，雌花着生于下部，佛焰苞白色或淡黄色。浆果。花期 8～9 月。

习　　性：喜温暖、湿润气候，常生于河旁或沼泽地中。

观赏特性：形态别致，叶大，苍绿而多孔，茎节蟠曲多节，佛焰苞似马蹄。

园林应用：可用于水景园湿地布置，植于溪旁或石缝中，或盆栽作室内装饰。

221 香蒲（蒲草、蒲菜、水烛）   *Typha orientalis* Presl.   香蒲科

识别特征：多年生宿根沼泽草本植物，高 1.4～2m。根状茎白色，长而横生，节部生须根。茎圆柱形，质硬而中实。叶扁平带状，光滑无毛，基部呈长鞘抱茎。花单性同株，无花被，有毛。果序圆柱状，坚果细小，具多数白毛。花期 6～7 月，果期 7～8 月。
习　　性：喜温暖、土壤疏松肥沃、光照充足的水域。
观赏特性：叶丛翠绿，雌雄花序同轴，形似蜡烛。
园林应用：常用于点缀水池、湖畔，构筑水景。宜作花境、水景背景材料。也可盆栽布置庭院，蒲棒常用于切花材料。

222 水鬼蕉（美洲水鬼蕉、蜘蛛兰）   *Hymenocallis littoralis* (Jacq.) Salisb.   石蒜科

识别特征：多年生球根花卉，鳞茎 7～11cm。叶剑形，端锐尖，多直立，鲜绿色。花葶扁平；花白色，无梗，呈伞状着生，有芳香；花筒部长短不一，带绿色；花被片线状，一般比筒部短；副冠钟形或阔漏斗形，具齿牙。
习　　性：喜光照充足、温暖湿润、土壤疏松肥沃的沼泽湿地。
观赏特性：叶色翠嫩、花期长，花型迤逦、极具个性。
园林应用：在园林水景中应用时，常带状或片状栽植作主景材料，或栽植于水景角落或转角处作点景材料。

223 黄菖蒲（黄花鸢尾） *Iris pseudacorus* Linn. 鸢尾科

识别特征：多年生挺水植物，植株高大，根状茎粗。叶基生，茂密，绿色，长剑形，长 60～100cm，中肋明显，具横向网状脉。花黄色，径约 8cm。蒴果长形，内有种子多数。花期 5～6月，果期 6～8月。

习　　性：喜生于温暖湿润的湿生草甸或沼泽地中。

观赏特性：株形美观，叶翠绿，剑形，花色、花型极为丰富，色艳秀美，既可观叶，又可观花。

园林应用：常成片或带状栽植于湿地边缘或浅水水域中，茎、叶、花葶可作切花材料。

224 风车草（伞草、旱伞草、水竹） *Cyperus alternifolius* L. ssp. *flabelliformis* (Rottb.) Kükenth. 莎草科

识别特征：多年生湿生(挺水)植物。茎秆粗壮，直立生长，茎近圆柱形，丛生，下部包于棕色的叶鞘中。叶状苞片约20枚，螺旋状排列在茎杆顶端，向四面辐射开展，呈伞状。聚伞花序，辐射枝多数；小穗椭圆状披针形。花、果期 8～11月。

习　　性：喜温暖、阴湿及通风良好的环境。

观赏特性：株丛繁密，叶形奇特，是良好的观叶、观花水生花卉。

园林应用：丛植于静水区域，或配置于水景的假山石旁作点缀之用，也可盆栽制作盆景、室内装饰材料等。

225 纸莎草（纸草、莎草、埃及莎草） *Cyperus papyrus* Linn. 莎草科

识别特征：多年生大型水生植物，具粗壮的根状茎，高 2～3m，茎秆簇生，粗壮，直立，光滑，钝三棱形。叶退化呈鞘状，茎秆顶端着生 3～10 枚苞片，呈伞状簇生；苞片叶状，披针形，顶生花序，伞梗极多，细长下垂。

习　　性：喜温暖湿润、光照充足的环境。

观赏特性：株丛繁茂，株型优雅，苞片叶状。

园林应用：常片植或丛植于各类水景中，也可作室内观叶植物用。

226 水葱（管子草、莞蒲、冲天草） *Scirpus validus* Vahl 莎草科

识别特征：为多年生挺水草本植物。匍匐根状茎粗壮，秆高大，圆柱状，平滑，中空，基部具 3～4 个膜质管状叶鞘，仅最上面一个叶鞘具叶片。叶片细线形。小坚果倒卵形，双凸状，少数三棱形。花果期 5～9 月。

习　　性：喜温暖潮湿的浅水湖边、池塘或湿地中。

观赏特性：株丛挺拔直立，色泽淡雅。

园林应用：多用于岸边、池旁。盆栽可以进行庭院布景用，如在小池中摆放几盆，或在花园中花坛布置，都别具一格。

227 芦苇（泡芦、毛芦、苇子、苇、蒹、葭） *Phragmites australis* (Cav.) Trin.ex Steud. 禾本科

识别特征：多年生挺水植物，地下茎发达，地上部分具有茎节，节下常有白粉。叶片披针形或带状，叶鞘圆筒形，叶舌极短。圆锥花序顶生，小穗具4~7朵花。

习　　性：喜生于土壤肥沃的湿地或浅水中。

观赏特性：芦苇株形飘逸，季相变化较明显。

园林应用：在水景区常用作绿化布置材料或水景屏障，同时又是优良的固堤护岸植物材料。

228 菱草（茭瓜、茭白、茭笋、菰、苦江草） *Zizania latifolia* (Griseb.) Stapf 禾本科

识别特征：一年生宿根草本，植株高1m，基部由于真菌寄生而变肥厚。须根粗壮，茎基部节上有不定根。叶片扁平，带状披针形，有时上面粗糙，下面光滑，边缘粗糙，中脉在背面凸起。圆锥花序大，多分枝。

习　　性：喜温暖湿润气候，肥沃疏松、有机质含量高的土壤，生于池塘及沼泽地中。

观赏特性：观叶植物，具有较好的观赏效果。

园林应用：主要用于园林水体的浅水区绿化，各地广为栽培。由于具有发达的根系，常作为人工湿地建设时的主要绿化材料，而且具有良好的固土绿化作用。

229 薏苡（药玉米、苡米、晚念珠、六谷迷、珍珠米） *Coix lacryma-jobi* Linn.　　禾本科

识别特征：一年或多年生草本，株高 1~2m，茎直立粗壮，有 10~12 节，节间中空，基部节上生根。叶互生，呈纵列排列；叶鞘光滑，叶片间具白薄膜状的叶舌，叶片线状披针形，长达 30cm，基部鞘状包茎，中脉明显。颖果成熟时，外面总苞坚硬。种皮黄褐色或灰褐色，种仁卵形，背面为椭圆形，腹面中央有沟。花期 7~9 月，果期 8~10 月。

习　　性：喜阳光充足的温暖湿润环境，近水岸生长。

观赏特性：株形翠绿，外形优雅，可观叶观果。

园林应用：常作为园林水景植物点缀于湿地水域边缘，在湿地生态建设中可作为乡土先锋植物进行配置应用，也作庭院栽培，单丛孤植、多丛丛植等。成片大面积种植还可以营造田园风光。

竹 类

230 孝顺竹 (凤凰竹、蓬莱竹、西凤竹、界竹、箭竹、坟竹) *Bambusa multiplex* (Lour.) Raeuschel ex J. A. et J. H. Schult. — 禾本科

识别特征：中小型竹类，地下茎合轴型，秆丛生，节具多枚分枝，秆高 2～7m，径 5～22mm，尾梢近直或略弯，节间长 30～50cm，上半部被棕色至暗棕色小刺毛；箨鞘顶端圆拱，约与箨叶基部等宽；箨耳微小或仅有少数纤毛；箨舌短，长约 1mm；箨叶直立，长三角形。分枝自秆基部第二或第三节开始，数枝乃至多枝簇生，主枝稍较粗长。叶长 4～14cm，宽 6～12mm。笋期 7～8 月。

习　　性：喜光，耐旱、耐寒性强；多生于低丘、山麓、平原或溪流两侧。

观赏特性：秆丛生，枝叶茂盛，秀美婆娑可爱，为传统赏叶竹种。

园林应用：庭园中常植于池旁或列植于庭园入口、甬道两侧等处；也可植于庭院花坛或假山上、人工溪边、池边等；亦栽培于庭园间作绿篱或盆栽供观赏。

变种及品种：(1) 观音竹 *B. multiplex* var. *riviereorum* R.Maire：秆实心，高 1～3m，径 3～5mm，叶长 1.5～3.5cm，宽 2～6mm。

(2) 凤尾竹（西凤竹、箭竹）*B.multiplex* cv. Fernleaf：本栽培品种与观音竹相似，但植株较高大，秆中空，小枝稍下弯，具 9～13 叶，叶片长 3.3～6.5cm，宽 4～7mm。

孝顺竹

观音竹　　凤尾竹

231 小佛肚竹 (佛肚竹、罗汉竹、密节竹、大肚竹、葫芦竹)   *Bambusa ventricosa* McClure   禾本科

识别特征：秆丛生，异型。高与粗因栽培条件而有变化。秆无毛，幼秆深绿色，稍被白粉；秆有两种：正常秆高 8～10m，径 5～7cm，节间长 20～35cm，下部呈之字形曲折；畸形秆矮而粗，高 25～50cm，径 0.5～2cm，节间短缩呈花瓶状，长 2～5cm。分枝多数，一主枝发达；箨耳明显，每小枝具叶 7～13 枚，叶片卵状披针形至长圆状披针形，长 12～21cm，背面被柔毛。

习　　性：喜温暖湿润，阳光充足的环境，不耐旱，也不耐寒，宜在肥沃疏松的砂壤中生长。

观赏特性：枝叶四季常青，其节间膨大，状如佛肚，形状奇特。

园林应用：宜与假山、叠石、溪边、湖畔配置或于绿地内成丛栽植，也是盆栽和制作盆景的极好材料。

232 黄金间碧竹 (黄金间碧玉竹、青丝金竹、黄金竹、挂绿竹、花竹、黄皮刚竹、黄皮绿筋竹)   *Bambusa vulgaris* var. *striata* Gamble   禾本科

识别特征：大型丛生竹。秆高 6～15m，径 4～6cm；秆黄色，节间正常，但具宽窄不等的绿色纵条纹。箨鞘在新鲜时为绿色而具宽窄不等的黄色纵条纹，后为草黄色，具细条纹，背部密棕色短硬毛，毛易脱落；箨耳近等大；箨舌较短，边缘具细齿或条裂；箨叶直立，卵状三角形或三角形，腹面脉上密被短硬毛。叶披针形或线状披针形，长 9～22cm，两面无毛。

习　　性：喜光，适应性较强，耐干旱瘠薄。

观赏特性：竹秆黄色，秆、枝、叶黄绿条纹相间，竹大劲直，风姿独特，颇为壮观，观赏性强，是著名的观赏竹类。

园林应用：宜植于庭园内池旁、亭际、窗前或叠石之间，或于绿地内成丛栽植。也可用于建造竹门、竹走廊或竹屋等。

233 大佛肚竹　　　*Bambusa vulgaris* cv. Wamin McClure　　禾本科

识别特征：秆绿色，高5m，下部各节间极为短缩，并在各节间的基部肿胀呈佛肚状，秆箨背面密被棕黑色刺毛。
习　　性：喜光，喜温暖湿润气候，不耐寒。
观赏特性：形态奇特，下部各节间极其缩短，形如佛肚，颇美观。
园林应用：适宜于公园、庭院、房前屋后、假山叠水之畔种植以及别墅、公园、风景区的园林绿化用。

234 小琴丝竹（花孝顺竹）　　　*Bambusa vulgaris* cv. Alpbonse-Karr　　禾本科

识别特征：秆和分枝的节间黄色，具不同宽度的绿色纵条纹，秆箨新鲜时绿色，具黄白色纵条纹。
习　　性：中性，喜温暖湿润气候，不耐寒。
观赏特性：秆丛优美，枝叶婆娑，秆和分枝具黄绿相间的条纹，具较高的观赏价值。
园林应用：庭院中常丛植于草坪边缘作背景植物，还可与山石、跌水相配置；可修剪成圆球状，也是作绿篱的好品种。

235 慈竹 (钓鱼慈、丛竹、绵竹、甜慈、酒米慈) *Neosinocalamus affinis* (Rendle) Keng f. 禾本科

识别特征：秆高 5～10m，梢端细长作弧形向外弯曲或幼时下垂如钓丝状。节间圆筒形，长 15～30 (60)cm，径 3～6cm，初时表面贴生灰白色或褐色疣基小刺毛，节平，壁薄，多分枝。叶片窄披针形，长 10～30cm，宽 1～3cm，质薄，先端渐细尖，基部圆形或楔形，上表面无毛，下表面被细柔毛。

习　　性：喜温暖湿润气候，好深厚肥沃的砂质土壤，有较强的耐寒和抗旱性。

观赏特性：秆径直，高大，秆色碧绿，叶片大而翠绿，丛姿雄壮挺拔。

园林应用：适于庭院、公园、水滨等处种植，与假山、岩石等配置等。

236 毛竹 (楠竹、孟宗竹、茅竹、猫头竹、狸头竹、苗竹、苗衣竹、猫儿竹) *Phyllostachys pubescens* Mazel ex H.de Lehaie 禾本科

识别特征：大型竹，秆高达 20m 以上，径 18cm，节间短，壁厚，新秆密被白粉和细柔毛，分枝以下仅箨环微隆起，秆环不明显，箨环被一圈脱落性毛。秆箨密生棕褐色毛及黑褐色斑点；箨耳小，肩毛发达；箨舌宽短，弓形，两侧下延；箨叶绿色，长三角形至披针形。叶片相对较细小，长 4～11cm，宽 0.5～1.2cm。笋期 3～4 月，花期 5～8 月。

习　　性：喜光，喜温暖湿润气候，稍耐寒。

观赏特性：植株高大挺拔，其竹秆、竹笋及竹林整体景观都有较好的观赏效果。

园林应用：一般在山谷间或大面积园林地上栽植，或组成纯林，或与针叶树或阔叶树营造成混交林。大片栽植具有防风及各种环保功能。

237 紫竹（黑竹、乌竹、水竹子、乌竹仔） *Phyllostachys nigra* (Lodd. ex Lindl.) Munro 禾本科

识别特征：灌木状或小乔木状，散生，秆高 3~6m，新秆淡绿色，密被白粉和刚毛，一年后秆渐变为紫黑色，无毛，秆环与箨环均隆起，节上常具 2 分枝，节间具沟槽。笋淡红褐色或绿色；箨鞘短于节间，密被淡褐色毛，无斑点；箨耳发达，长圆形，紫黑色，繸毛长，弯曲；箨舌紫色，先端微波状缺刻，两侧有纤毛，中间无毛；箨叶三角形或三角状披针形。每小枝 2~3 叶，叶片披针形，长 4~10cm，宽 1~1.5cm；叶耳不明显。笋期 4 月下旬。

习　　性：喜光，喜温暖湿润气候，稍耐寒。

观赏特性：秆紫色，观赏性强，为优良的观秆色竹种。

园林应用：多植于房前屋后，庭园墙边，也可以片植，形成紫竹园或紫竹林景观，更多见丛植于庭园山石之间或斋、厅堂四周，园路两侧，池旁水边，塑造一些竹石、竹水或竹子与建筑物的小景。

变　　种：灰金竹（金竹、淡竹、毛金竹、白夹竹）*P. nigra* var. *henonis* (Mitford) Stapf ex Rendle：秆不为紫黑色，较高大，高 7~18m，秆壁厚。

紫竹

灰金竹

238 人面竹（罗汉竹） *Phyllostachys aurea* Carr. ex A. et C.Riv 禾本科

识别特征：秆高 7~8m，径粗 3~5cm，具较短而斜上伸展的分枝，下部及中部以下节间不规则短缩呈畸形肿胀，节间交互歪斜；新秆之箨环上有 1 圈白色毛环，幼秆绿色，微被白粉，无毛；秆环与箨环均中等隆起。箨鞘背面墨绿色，下部有时带紫红色，箨边带黄褐色，有多条紫黑色纵脉纹；箨叶披针形，向外翻折。叶片带状披针形，长 5.5~13cm。笋期 4 月底至 5 月初。

习　　性：喜温凉湿润气候，有一定的抗旱、耐寒性。

观赏特性：竿形奇特，中下部节间短缩呈畸形肿胀，有较高的观赏价值。

园林应用：适宜与假山、置石相配置，或单独栽植于庭院、公园、滨河绿地中供观赏。

239 筇竹（罗汉竹、宝塔竹、算盘竹）　*Qiongzhuea tumidinoda* Hsueh et Yi　禾本科

识别特征：灌木状，地下茎复轴型。秆高达6m，径1～3cm；节间圆筒形；分枝一侧扁平，节间长15～25cm或更长；秆环极为隆起而呈1显著圆脊，状如2盘相扣合，中有环形缝线之关节；箨环具箨鞘残留物，幼时被棕色刺毛；笋箨紫红色或绿色；秆箨早落；无箨耳；箨舌高1～1.3mm，圆弧形，具密生小纤毛。枝条常3枚生于一节。叶片狭披针形，长5～14cm，宽6～12mm。笋期4月。

习　　性：喜冬冷、夏暖和空气湿度较大的环境。

观赏特性：枝叶纤细柔美，秆节膨大，形态奇特，观赏价值较高。

园林应用：适于庭院、公园、水滨等处种植，与假山、崖石等配置，也常植于围墙边作绿篱之用。

240 巨龙竹（歪脚龙竹、大竹）　*Dendrocalamus sinicus* Chia et J.L.Sun　禾本科

识别特征：秆高20～30m，直径20～30cm，梢头下垂；节间圆筒形，基部数节间短缩并常在一面鼓胀而使上下节斜交成畸形，秆下部的正常节间长17～22cm，幼时密被白粉；节内具一圈宽为3～4mm的黄棕色绢毛；主枝常不发达。秆箨在不分枝的各节迟落或宿存；箨鞘厚革质，背面疏生柔毛，腹面在脉间被小刺毛；箨叶直立，稍外展，背部疏生柔毛。叶片长20～40cm，两面均疏被柔毛或近无毛。

习　　性：喜温暖湿润气候，以深厚、肥沃、疏松和湿润的砂质壤土、冲积土或黄棕壤土为好。

观赏特性：大型竹类，秆直，高大挺拔，枝叶鲜绿。

园林应用：可丛植于高大建筑物旁或宽阔草地边缘作屏障用，亦可单独丛植于山石、水体、亭廊之畔。

241 麻竹（甜竹、大头竹、吊丝甜竹、青甜竹、大叶乌竹、马竹） *Dendrocalamus latiflorus* Munro 禾本科

识别特征：秆高 20～25m，直径 15～30cm，梢端长下垂或弧形弯曲；节间长 45～60cm，每节分多枝。箨鞘易早落，厚革质，呈宽圆铲形，背面略被小刺毛，顶端的鞘口部分甚窄（宽约 3cm）；箨耳小，长 5mm，宽 1mm；箨舌边缘微齿裂；箨叶外翻，卵形至披针形。小枝具 7～13 叶，叶鞘长 19cm；叶舌突起，高 1～2mm，截平，边缘微齿裂。笋期 7～9 月。

习　　性：喜温暖湿润气候，以土壤疏松、肥沃、中至酸性土质为宜。

观赏特性：秆丛生，节间长，叶片碧绿。

园林应用：适合各种园林景观种植，也可房前屋后、田边地头、溪河两岸、公路沿线种植。

蕨类植物

242 翠云草 （蓝地柏、绿绒草、龙须、地柏叶、伸脚草、烂皮蛇） *Selaginella uncinata* (Desv.) Spring　　卷柏科

识别特征：中型伏地蔓生蕨。主茎细柔，长 30～60cm，禾秆色，有棱，分枝处常生不定根。叶卵形，具短尖头，二列疏生。侧枝多回分叉，基部有不定根。营养叶二型，分支之叶小，红色；主枝之叶大，绿色。孢子囊穗四棱形，孢子叶卵状三角形，孢子囊卵形。

习　　性：喜温暖湿润与半荫环境及疏松、透水且富含有机质土壤。野外生于林下阴湿岩石上、山坡或溪谷丛林中。

观赏特性：羽叶密如云层，叶色独特，姿态清雅秀丽。

园林应用：可成片植于林下或庭院荫处作地被植物，也是理想的兰花盆面覆盖材料；亦可小型盆栽，点缀书桌、矮几，或置于博古架上等。

243 木贼 （笔头草、节节草、锉草、节骨草、无心草） *Equisetum hyemale* L.　　木贼科

识别特征：多年生草本，具匍匐根状茎；直立茎绿色，由地下的根状茎生出，有节，中空，单枝或分枝，分枝有规则地轮生于节上，节间有纵棱。不育叶退化成细小的鳞片状，在节上轮生，互相毗连成管状，包围茎或枝的节间基部；能育叶盾形，密集排成穗，生于绿色的不育茎顶端。孢子囊 5～10 个，悬在能育叶下面边缘排成一圈。孢子圆球形。

习　　性：喜潮湿，耐荫，常生于山坡潮湿地或疏林下。

观赏特性：植株碧绿挺拔，节间明显。

园林应用：在半阴的沟边或湿地作地被植物，也可盆栽装饰阳台或窗台等，亦是艺术插花的好材料。

244 河口观音座莲（河口莲座蕨） *Angiopteris hokouensis* Ching 莲座蕨科

识别特征：大型陆生蕨，植株高达 1m；根状茎肉质粗壮，几直立。叶二回羽状，簇生，叶柄长，肉质，绿色，有膨大具沟槽的节状突起，边缘有锯齿；叶纸质，叶脉明显，大都分叉，间为单一。孢子囊群线形，孢子短圆形。
习　　性：喜温暖、阴湿的环境，要求疏松、肥沃的酸性土壤。
观赏特性：株形优美，叶片大而平展，是美丽的大型观赏蕨类植物。
园林应用：丛植于林下观赏或片植作地被等。

245 紫萁（薇、高脚贯众、老虎牙、水骨菜） *Osmunda japonica* Thunb. 紫萁科

识别特征：中型陆生蕨，植株高 50～80cm；根状茎粗壮，短而斜伸。叶簇生，二型叶，不育叶三角状阔卵形，顶部一回羽状，其下为二回羽状，小羽片矩圆形或矩圆披针形，叶脉两面明显；孢子叶深棕色，卷缩，小羽片条形，沿主脉两侧密生孢子囊。
习　　性：喜温湿的酸性黄壤，忌阳光直射。
观赏特性：株形整齐美观，叶片纹脉清晰，排列有序，是优良的观赏植物。
园林应用：可在林荫处布置，片植作地被，或丛植观赏等。

246 芒萁（铁芒萁、狼萁、芒萁骨） *Dicranopteris dichotoma* (Thunb.) Bernh. 里白科

识别特征：中大型陆生蕨，植株高 45～120cm，根状茎长而横走。叶纸质，表面黄绿色，背面灰白色或灰蓝色，叶轴一至多回二叉分支，分叉腋间有一休眠状态的小腋芽，密被绒毛。孢子囊群生于叶片下面小脉的背上，圆形无盖，在主脉两侧各排一行。

习　　性：喜酸性土壤，极耐干旱，常大片生于强酸性的丘陵、山坡或松林下，是酸性土壤指示植物。

观赏特性：叶轴分叉方式独特，翠绿的羽叶充满生机，使人赏心悦目。

园林应用：是良好的地被植物，可应用于新落成建筑的环境绿化，特别适合别墅式花园、高速公路两侧坡地的荒坡改造。

247 海金沙（罗网藤、铁线藤、蛤蟆藤、转转藤） *Lygodium japonicum* (Thunb.) Sw. 海金沙科

识别特征：攀援藤本，长可达 3～4m，根状茎横走。叶二型，纸质，二回羽状，不育叶尖三角形，小羽片掌状或三裂；能育叶卵状三角形，小羽片边缘生流苏状孢子囊穗，暗褐色。

习　　性：喜阳光充足、温暖湿润的环境。要求酸性土壤，空气湿度保持在 60% 以上。

观赏特性：株型轻盈多姿，叶型小巧奇特。

园林应用：可作绿篱或在园林中点缀山石，也可作攀援或垂吊栽培等。

248 金毛狗（金毛狗脊、黄狗头、黄毛狗、猴毛头） Cibotium barometz (Linn.) J.Sm. 蚌壳蕨科

识别特征：大型树状蕨，高 1～3m，体形似树蕨；根状茎平卧、粗大，端部上翘，密被金黄色长茸毛。叶簇生茎顶端，形成冠状，叶片大，三回羽裂，末回裂片镰状披针形，具尖头。孢子囊群生于小脉顶端，囊群盖两瓣状，形如蚌壳。

习　　性：喜酸性土壤，适合在比较温暖、湿润而有明亮散射光的环境下生长，是热带亚热带酸性土壤的指示植物。

观赏特性：金毛狗株型高大，叶姿优美，坚挺有力，叶片革质有光泽，四季常青。根状茎密被金黄色长茸毛，状似伏地的金毛狗头。

园林应用：在庭院中适于作林下配置或在林荫处种植，也可盆栽作为大型的室内观赏蕨类。

249 中华桫椤（微刺桫椤、毛叶桫椤） Alsophila costularis Baker 桫椤科

识别特征：大型陆生蕨类植物，主干高达 1～5m，圆柱形。叶顶生，叶柄和叶轴粗壮，深棕色，有短刺或疣突；叶片大，纸质，长可达 3m。三回羽状深裂，羽片约 15 对。孢子囊群生于侧脉分叉处，靠近主脉，囊群盖近圆形，膜质。

习　　性：喜高温、荫蔽、气流恒定的环境，生于沟谷林中，海拔 700～2100m。宜选用疏松、透气且排水良好的土壤栽培。

观赏特性：树形美观，树冠犹如巨伞，观赏价值极高。

园林应用：可用作庭院观赏树和园景树等。

250 阔叶鳞盖蕨　　*Microlepia platyphylla* (Don) J.Sm.　　碗蕨科

识别特征：根状茎横走，粗硬如木质，密被暗红棕色的刚毛。叶近生，高约2m，柄淡棕禾秆色，有光泽。叶片大，长1～1.4m，阔三角形，二回羽状；羽片约8对，互生，远离，渐尖头，一回羽状；叶几为革质，两面光滑。孢子囊椭圆形而大，近叶缘生。

习　　性：喜温暖湿润，散射光充足的环境，忌强光直射。

观赏特性：株形美观，叶片大而洒脱，孢子囊群整齐而优美。

园林应用：在温度湿度适合的地区可户外片植作地被，也可丛植观赏。

251 乌蕨（乌韭、雏鸡尾、地柏枝、蜢蚱参）　　*Stenoloma chusanum* Ching　　鳞始蕨科（陵齿蕨科）

识别特征：多年生常绿蕨类，植株高30～80cm；根状茎短而横走，密生赤褐色鳞片。叶近生，厚纸质，无毛；叶片披针形或矩圆状披针形，三～四回羽状细裂，羽片互生，斜展，卵状披针形，小羽片斜菱形；叶脉在末回小裂片上两叉。孢子囊群位于裂片顶部。

习　　性：适生范围较广，喜温暖半荫和明亮散射光的环境，适宜生长于富含腐殖质的酸性或微酸性土壤中。

观赏特性：叶常绿而多回分裂，形似羽扇，孢子囊群生于裂片顶端如瓶，奇特可爱。

园林应用：适宜种植于林缘、墙脚或岩石旁观赏，或盆栽。

252 蕨（蕨菜、狼萁、如意菜、龙头菜、拳头蕨、米蕨）

Pteridium aquilinum (L.) Knhn var. *latiusculum* (Desv.) Underw.ex Heller

蕨科

识别特征：大型陆生蕨，高1m以上，根状茎粗大如指，长而横走，密被锈黄色柔毛。叶远生，近革质，长30～60cm，宽20～45cm，边缘具波状圆齿；叶脉稠密，仅下面明显；各回羽轴上有深纵沟1条。孢子囊群沿叶边成线形分布。

习　　性：喜光，较耐干旱，对土壤要求不严，生于山地阳坡及林下边缘阳光充足的地方。

观赏特性：株形婀娜，姿态怡人，蕨叶翠绿。

园林应用：是优良的地被绿化植物，可片植、丛植点缀岩石园和草地，也可盆栽供观赏等。

253 凤尾蕨（大叶井口边草）

Pteris cretica var. *nervosa* (Thunb.) Ching et S.H.Wu

凤尾蕨科

识别特征：中型陆生蕨类，植株高60～70cm，根状茎直立，有条状披针形鳞片。叶二型，簇生、纸质，无毛，叶柄禾秆色，光滑，能育叶卵圆形，长25～30cm，一回羽状，中部以下的羽片通常分叉，条状披针形，顶部有锐锯齿；不育叶同型，边缘有锐尖锯齿。孢子囊群线形生于小羽片边缘。

习　　性：喜温暖、湿润半荫的环境，常生于阴湿的岩坡和石灰岩石缝中。

观赏特性：叶丛柔细，秀丽多姿。

园林应用：作耐荫地被植物或布置在林缘、墙角、假山、岩石旁或石缝中。盆栽可点缀书桌、茶几、窗台和阳台，也适用于客厅、书房、卧室作悬挂式或镶挂式布置。

254 蜈蚣草（长叶甘草蕨、舒筋草）　　　Pteris vittata L.　　　凤尾蕨科

识别特征：中型陆生蕨，高 30～150cm；直立根状茎短而粗壮，密被蓬松的黄褐色鳞片。叶簇生，叶片阔倒披针形，长 20～90cm，一回羽状复叶；羽片无柄，条状披针形，渐尖，向下逐渐缩短，互生或近对生。条状孢子囊群靠近羽片两侧边缘着生。

习　　性：喜温暖、湿润及排水良好的土壤，有较强的耐干旱瘠薄及耐碱能力。生于钙质土或石灰岩上，也常生于石隙或墙壁上，不同的生境下形体变异较大。

观赏特性：植株优美，叶型独特，叶呈羽状平展，形似蜈蚣铺地，是很好的观赏蕨类植物。

园林应用：用作地被，宜配置山石盆景，或作观叶植物。

255 半边旗（甘草凤尾蕨、单边蜈蚣、半边蕨、单片锯、半边牙、半边梳、甘草蕨、半边莲、半凤尾草、半边风药、凤凰尾巴草、单边旗）　　　Pteris semipinnata L.　　　凤尾蕨科

识别特征：中型陆生蕨，植株高 30～100cm；根状茎横走，被黑褐色鳞片。叶簇生，近一型，草质；叶柄栗色或深栗色，有四棱；能育叶矩圆形，二回半边羽状深裂；羽片三角形，长尾头，边缘仅不育的顶端有尖锯齿；不育叶同型，全有锯齿。孢子囊群沿羽片顶部以下分布，线形，连续排列于叶缘。

习　　性：喜湿润、温暖的半荫环境，忌强光直射，有一定的抗旱能力。

观赏特性：株形美，羽片半边羽裂，奇特优雅。

园林应用：栽植于树荫下作灌木层，也可布置于林下、水边及山石边供观赏。

256 金粉蕨　　　　　*Onychium siliculosum* (Desv.) C.Chr.　　中国蕨科

识别特征：多年生常绿中小型蕨类植物，株高 14～65cm；根状茎直立或斜生，先端密被棕色长钻形的鳞片。叶簇生，二型或近二型，不育叶片三至四回羽状深裂；能育叶卵状披针形或长卵形，下部三到四回羽状，上部一回羽状。孢子囊群生于能育叶的小羽片边脉上。

习　　性：喜光且耐半荫，又极为耐干旱，喜钙质土，但中性和微酸性土也能适应。

观赏特性：株形美观，叶型奇特，质硬，叶柄禾秆色有光泽，孢子囊群柠檬黄色，十分美丽。

园林应用：配置假山石和作山水盆景等。

257 铁线蕨（菲岛铁线蕨、铁丝草、铁线草）　　*Adiantum capillus-veneris* L.　　铁线蕨科

识别特征：小型蕨，株高 15～50cm；根状茎短而直立，被褐色鳞片。叶簇生；叶柄长，栗色，有光泽；叶片披针形，奇数一回羽状；羽片互生，斜展，对开式的半月形或半圆肾形，能育叶边缘近全缘或具浅缺刻，不育叶边缘具波状浅齿。孢子囊群每羽片 2～6 枚，囊群盖线状长圆形。

习　　性：喜温暖、湿润，要求土壤疏松、排水良好，常生于流水溪旁石灰岩上或石灰岩洞底和滴水岩壁上，为钙质土的指示植物。

观赏特性：株形小巧，形态优美，叶形别致，茎叶秀丽多姿，其淡绿色叶片搭配着乌黑光亮的叶柄，显得格外优雅飘逸。

园林应用：极适合小盆栽培和点缀山石盆景或栽植于林下作地被、点缀山石等。

258 金毛裸蕨　　*Gymnopteris vestita* (Wall.ex Presl) Underw.　　裸子蕨科

识别特征：中小型石生蕨，植株高 20～50cm；根状茎粗短，横卧或斜升，密被锈黄色鳞片。叶丛生或近生，叶柄圆柱形，亮栗褐色，密被长绢毛；叶片披针形，一回奇数羽状；羽片有柄，全缘，互生；叶脉多回分叉，叶软草质，疏被灰棕色绢毛，叶轴及羽轴被绢毛。孢子囊群沿侧脉着生。

习　　性：喜光线充足而空气流通的环境，生于岩石上或林下岩石上，极耐干旱，耐寒。

观赏特性：株形优美，整个植株被毛精致、可爱，为较好的岩石园观赏植物。

园林应用：可孤植于假山石上或片植于荒地作地被等。

259 披针新月蕨　　*Pronephrium penangianum* (Hook.) Holtt.　　金星蕨科

识别特征：中型陆生草本蕨类，高达 1～2m；根状茎长而横走。叶远生，叶柄长，褐棕色；叶片纸质，长圆状披针形，奇数一回羽状，侧生羽片斜展，互生，有短柄，阔线形，边缘有软骨质的尖锯齿；叶脉下面明显，侧脉近平展。孢子囊群圆形，生于小脉中部或中部稍下处。

习　　性：喜阴湿环境，夏天宜遮荫，要求水分充足，冬季温度不低于10℃。

观赏特性：株形美观、叶型独特，侧脉明显，整齐而美观。

园林应用：在林缘或溪边栽植供观赏，或片植于林下作地被。

260 长叶铁角蕨 (树林珠、倒生根、黄金草、长生铁角蕨)   *Asplenium prolongatum* Hook.   铁角蕨科

识别特征：小型附生或石生蕨，植株高 20 ~ 40cm；根状茎直立，顶端有披针形鳞片。叶簇生，叶片条状披针形，二回深羽裂，羽片矩圆形，裂片狭条形，顶端有水囊，孢子囊群生于小脉中部。

习　　性：喜温暖湿润的环境，要求土壤疏松透气并富含养份。

观赏特性：叶片翠绿，在饱和的空气湿度条件下，叶尖芽点不落地就会长出小植株，别具情趣。

园林应用：栽植于林下作地被，或丛植、片植、盆栽观赏等。

261 狭叶巢蕨   *Neottopteris simonsiana* (Hook.) J.Sm.   铁角蕨科

识别特征：大型附生蕨，植株高 50 ~ 100cm；根状茎直立，粗短，木质，褐色，被鳞片。叶簇生，叶柄禾秆色，木质；叶片狭披针形或线状披针形，渐尖或长尾尖，边缘有软骨质的狭边；叶脉平行，彼此密接；叶革质，两面均无毛。孢子囊群线形，浅灰棕色。

习　　性：喜温暖潮湿，不耐寒，要求冬季温度不低于 10℃，夏季要遮阳。

观赏特性：株形丰满，叶片团集成丛，形似雀巢，叶色翠绿，姿态优雅。

园林应用：种植于林下或石柱上，也可悬吊于室内观赏，富有野趣，极富热带风情。

262 荚果蕨（黄瓜香、野鸡膀子） *Matteuccia struthiopteris* (L.) Todaro 球子蕨科

识别特征：大中型陆生蕨，植株高达 1m；根状茎直立，连同叶柄基部密被披针形鳞片。叶簇生，二型，不育叶矩圆状倒披针形，二回深羽裂，新生叶直立向上生长，全部展开后成鸟巢状；孢子叶从叶丛中间长出，一回羽状，有粗硬而挺立的梗，长度为不育叶的一半左右，羽片反卷成有节的荚果状。孢子囊群圆形，成熟时连接而成线形，囊群盖膜质。

习　　性：喜冷凉湿润气候，在湿度较高的环境下可耐一定的强光。

观赏特性：株形鸟巢状十分美观，能育羽片荚果状，婀娜多姿，具有较高的观赏价值。

园林应用：是阴湿环境下理想的地被植物，也可盆栽观赏。

263 顶芽狗脊（单芽狗脊蕨、生芽狗脊蕨、顶芽狗脊蕨） *Woodwardia unigemmata* (Makino) Nakai 乌毛蕨科

识别特征：中型陆生蕨，植株高 60～90cm；根状茎粗短直立，连同叶柄基部密生棕色大鳞片。叶互生，卵状矩圆形，厚纸质，叶轴顶端着生一个红棕色大芽胞；叶片二回羽状深裂，裂片有软骨质尖锯齿。孢子囊群靠近主脉着生，囊群盖长肾形。

习　　性：喜阴湿环境，多生于阴湿沟边、林下或北向山坡，喜钙质土。

观赏特性：叶色翠绿，幼叶紫红色，叶轴顶端具红棕色大芽胞，极具观赏性。

园林应用：在林下栽植为地被，覆盖率高，也可丛植观赏。

| 264 刺齿贯众（尖齿贯众、牛尾贯众、尖耳贯众、细齿贯众蕨） | *Cyrtomium caryotideum* (Wall.ex Hook.et Grev.) Presl | 鳞毛蕨科 |

识别特征：中型陆生蕨，植株高 40～70cm；根状茎直立，密生深褐色大鳞片。叶簇生，革质，奇数一回羽状，侧生羽片阔镰状三角形，羽片基部上侧呈三角状耳形，边缘具整齐的刺状尖齿，网状叶脉清晰。孢子囊群圆形，密生于内藏小脉中部。孢子囊遍布羽片背面；囊群盖圆形，盾状，边缘有齿。

习　　性：喜凉爽湿润的环境，有一定耐旱、耐寒能力，要求腐殖质含量丰富，排水良好的钙质土壤。

观赏特性：株形优雅，叶色浓绿，叶片美观。

园林应用：用作地被植物或与山石、水溪搭配。

| 265 肾蕨（蜈蚣草、篦子草、圆羊齿） | *Nephrolepis auriculata* (L.) Trimen | 肾蕨科（骨碎补科） |

识别特征：中型陆生蕨或附生蕨，植株高 30～80cm；根状茎短而直立，向上有簇生叶丛，向下有铁丝状匍匐枝，匍匐枝上生有许多须状小根和侧枝及圆形块茎，能发育成新植株。草质叶片光滑，披针形，一回羽状，羽片以关节生于叶轴上，边缘有浅钝齿。孢子囊群生于每组侧脉上侧小脉顶端，囊群盖肾形。

习　　性：喜温暖湿润的半荫环境，适合在疏松、肥沃、排水良好的中性或微酸性土壤上栽培。

观赏特性：株形潇洒，叶片翠碧光润，四季常青，经久不凋。孢子囊群生于中脉两旁侧小脉的顶端，囊群盖肾形，美丽可观。

园林应用：可成片植于林下作地被，也可盆栽供室内外观赏。

变　　种：波士顿肾蕨'Bastaniensis'：叶一回羽状，其羽片较原种宽阔，弯垂，羽片长 20～50cm，披针形，黄绿色。小羽片平出，边缘波状，先端扭曲。

波士顿肾蕨

肾蕨

266 中华双扇蕨　　*Dipteris chinensis* Christ　　双扇蕨科

- 识别特征：中型陆生蕨类植物，植株高达 1.3m；根状茎长而横走，木质，密被鳞片。叶远生，叶柄长 30～60cm，灰棕色或棕禾秆色，叶片纸质，二裂成相等的扇形，每扇又四至五深裂，顶部再浅裂，有疏粗锯齿。裂片上主脉分叉，细脉网状。孢子囊群小，近圆形，散生于网脉交叉点，无盖。
- 习　　性：喜荫蔽湿润的环境。
- 观赏特性：株型美观，叶大、扇形，奇特雅致。
- 园林应用：可植于林缘、路旁，也可盆栽或种于花坛中观赏。

267 西南石韦　　*Pyrrosia gralla* (Gies.) Ching　　水龙骨科

- 识别特征：小型陆生蕨，植株高 10～20cm；根状茎粗短，横卧，顶部密生鳞片。叶近生，一型，狭披针形，近革质，上面淡灰绿色，光滑或疏被星状毛，密被凹点，下面棕色，密被星状毛。孢子囊群密布于叶片下面，无盖，幼时被星状毛覆盖呈棕色。
- 习　　性：喜温暖湿润的环境，生长期需要充足的散射光，野外多呈大丛生于林下石灰岩或树干上。
- 观赏特性：长势旺盛，葱葱绿绿，极富生机。
- 园林应用：可用于点缀假山石，或片植作地被或丛植观赏等。

| 蕨类植物 | 147

268 友水龙骨（阿里山水龙骨、土凤尾草、猴子蕨、土碎补） *Polypodiodes amoena* (Wall.ex Mett.) Ching 水龙骨科

识别特征：中型石生蕨，植株高 30～70cm；根状茎长而横走，密生棕色鳞片。叶纸质，远生，下面被小鳞片，上面光滑；叶柄禾秆色，与根状茎有关节相连；叶片矩圆形，羽状深裂几达叶轴，亮绿色；叶脉非常明显，在主脉两侧各有一排整齐的网眼。孢子囊群于近主脉处着生。

习　　性：喜温暖湿润而光照充足的环境，多生于岩石上或附生于树干上，栽培基质要求疏松透水。

观赏特性：株形美观，叶色碧绿，叶片垂落生长，叶脉精细，橘红色的孢子囊群很醒目，具有极佳的观赏效果。

园林应用：可作地被，或点缀假山石，也可垂悬于室内观赏。

269 扇蕨 *Neocheiropteris palmatopedata* (Baker) Christ 水龙骨科

识别特征：中型陆生蕨，植株高 65cm 左右，根状茎粗而横走，密被鳞片。叶远生，纸质；叶柄基部有不明显的关节，叶片鸟足状深裂；叶脉网状，主脉明显而略隆起。孢子囊群椭圆形或圆形，着生于裂片的下部，靠近主脉。

习　　性：喜温暖湿润半荫的环境，忌强光直射，要求土壤透气性良好。

观赏特性：株形优雅，叶形奇特美观，富观赏性。

园林应用：可植于林荫下、花坛中、风景区的沟边、林下，也可盆栽摆设于客厅、书房，极富情趣。

270 瓦韦 (七星草、小叶骨牌草、落星草、金星草) *Lepisorus thunbergianus* (Kaulf.) Ching — 水龙骨科

识别特征：小型石生蕨，植株高 6～20cm；根状茎粗而横走，密被黑色鳞片。叶革质，无毛，条状披针形，宽 6～13mm，叶脉不明显。橘黄色孢子囊群直径约 3mm，整齐地排列于主脉两侧各一行。

习　　性：附生于树干上或岩石上或瓦缝中，有一定的抗旱能力。

观赏特性：孢子囊群大而醒目，观赏性强。

园林应用：适于点缀假山石或作小型盆栽观赏，更适于与其它植物混植。

271 金鸡脚假瘤蕨 (鹅掌金星草、三角风、七星箭、鸭角草) *Phymatopteris hastata* (Thunb.) Pic. Serm. — 水龙骨科

识别特征：附生或石生小型蕨类，植株高 8～35cm；根状茎细长而横走，密被红棕色鳞片。叶疏生，厚纸质，通常三裂，偶有单叶、二叉或五裂，叶披针形，渐尖头；叶柄禾秆色，基部与根状茎间有关节。孢子囊群赤褐色，在主脉两侧各成一行。

习　　性：喜阴湿环境和充足的阳光，常生于富含腐殖质的微酸性或中性土壤中，是酸性土的指示植物。

观赏特性：叶形多变，叶色翠绿，孢子囊群鲜艳。

园林应用：可栽植于水边、林下阴湿处供观赏。

272 盾蕨（肺经草、梳字草） *Neolepisorus ovatus* (Bedd.) Ching　水龙骨科

识别特征：中型陆生蕨，植株高 20 ~ 40cm；根状茎横走，密被鳞片。叶远生，厚纸质，叶片卵状矩圆形或近三角形，基部较宽，侧脉明显。孢子囊群大，圆形，在主脉两侧排成不整齐的 1 ~ 2 行。

习　　性：喜半荫、湿润的环境，要求土壤疏松、排水良好的中性土，有一定的耐旱能力。

观赏特性：叶片青翠碧绿，叶片通常从正常的全缘单叶发展成不同程度的扭曲分裂。

园林应用：林荫下栽作地被，或种植于林缘、花坛观赏。

273 膜叶星蕨（大风草、爬山姜、断骨粘、光石韦、鸡脚莲、岩姜七） *Microsorum membranaceum* (D.Don) Ching　水龙骨科

识别特征：附生蕨，植株高 50 ~ 80cm，根状茎横走，粗壮，密被暗褐色鳞片。叶近生或近簇生；叶柄短，禾秆色；叶片披针形或椭圆状披针形，顶端渐尖，基部下延成狭翅，全缘或略成波状；叶脉明显。孢子囊群小，圆形，着生于叶片小脉连接处。

习　　性：喜半荫潮湿而温暖的环境，忌阳光直射。

观赏特性：叶片四季常绿，春夏叶色嫩绿，秋季叶色深绿，叶形别致，长势旺盛，橘黄色的孢子囊群鲜艳夺目。

园林应用：栽植于林缘、水边观赏。

274 崖姜（崖姜蕨） *Pseudodrynaria coronans* (Wall.ex Mett.) Ching　槲蕨科

识别特征：附生蕨，根状茎横卧，粗大，肉质，密被深绣色蓬松的长鳞片。叶无柄而略开展，形成一个圆而中空的高冠；叶长圆状倒披针形，长 80～120cm，羽状裂片多数，斜展或略斜向上。孢子囊群位于小脉交叉处。

习　　性：耐荫，忌直射光。野外常生于树干上或石上。

观赏特性：株形美观，叶色翠绿，叶片大且裂片整齐。

园林应用：吊挂观赏。

275 鹿角蕨（鹿角羊齿、蝙蝠蕨） *Platycerium wallichii* Hook.　鹿角蕨科

识别特征：附生蕨类，根状茎肉质，短而横卧，密被灰白色鳞片。叶 2 列，二型，基生不育叶宿存，厚革质，下部肉质，上部薄，直立，无柄；能育叶常成对生长，下垂，灰绿色，分裂成不等大的 3 枚主裂片。孢子囊群散生于主裂片第一次分叉的凹缺处以下。

习　　性：喜温暖而阴湿的环境，适应性较强。

观赏特性：株形奇特，体态优美，分叉的叶似鹿角，是极好的室内悬挂观叶植物。

园林应用：适于点缀山石或室内盆栽点缀厅堂等。

276 槐叶萍（槐叶苹、蜈蚣萍、大浮萍、山椒藻） *Salvinia natans* (L.) All.　槐叶苹科

识别特征：多年生浮水植物，根茎细长。每节上长出 3 片叶子，轮生，2 枚浮水叶，卵形或椭圆形，表面具有无数小突起，长 1～1.2cm，宽约 0.7cm；1 枚沉水叶，呈须根状，其上有毛。葡萄串状的孢子囊群生于沉水叶的基部。

习　　性：喜生长在温暖、无污染的静水水域中。

观赏特性：漂浮于水面点点翠绿，可为水景增添不少生机。

园林应用：多用作池塘、水景园的植物材料。

形态术语实例图

习性

● 乔木

大乔木

中乔木

小乔木

● 灌木

● 藤木

● 铺地类

树皮

不规则纵裂

不规则纵裂

长条片状剥落

长条片状剥落

纸状剥落

鳞状剥落

片状剥落

鳞块状开裂

深纵裂

浅纵裂

横向浅裂

树皮纵裂具硬刺

不规则纵裂

树皮纵裂具硬刺

平滑

粗糙具刺

粗糙

粗糙

树形

圆柱形

平顶

伞形

尖塔形

伞形

| 形态术语实例图 | 157

卵形

棕榈形

广卵形

圆球形

根

支柱根

呼吸根

气生根

板根

附生根

芽

顶芽

鳞芽

柄下芽

裸芽

并生芽

腋芽

叠生芽

枝

● 变态

枝刺

卷须

叶状枝

枝刺　　　　　　　　　吸盘

● 枝条

枝柔软

托叶痕

叶枕

枝

叶痕

形态术语实例图 | 161

● 髓

髓心片状

髓心五角形

髓心圆形

叶

● 结构

芽、叶片

叶柄、托叶

● 叶形

披针形

圆形

椭圆形

卵圆形

圆形

鳞形

针形

刺形

形态术语实例图

倒卵形　　　　　扇形　　　　　心形

马褂形　　　　　戟形　　　　　卵形

条形

菱形　　　　　锥形

● 复叶

三出复叶

羽状三出复叶

掌状三出复叶

奇数羽状复叶

偶数羽状复叶

二回羽状复叶

三回羽状复叶

掌状复叶

单生复叶

● 叶脉

掌状脉　　网状脉　　羽状脉

　　　　　　　　　　平行脉

掌状脉　　网状脉　　平行脉

　　　　　主脉

分叉脉　　离基三出脉　　三出脉

● 叶缘

深裂

掌状分裂

浅裂

波状

掌状分裂

重锯齿

芒状齿

掌状分裂

锯齿

全缘

● 叶序

互生1　　　　　　　　　　　　　互生2

对生1　　　　　　　对生2　　　　　　　对生3

簇生1

簇生2

螺旋状着生　　　　　　　　　　　轮生1

轮生2　　　　　　　　　　　　　轮生3

● 叶基

截形　　　　　圆形　　　　　　　下延

盾状　　　　戟形　　　鞘状　　　心形

鞘状　　　　　楔形　　　　　　　偏斜

● 叶尖

二裂

钝

急尖

截形

倒心形

尾尖

微凹

渐尖　凸尖

三裂

● 叶变态

形态术语实例图 | 171

花

● 结构

花萼、花瓣

雄蕊

雌蕊

● 花冠

两侧对称

辐射对称

● 花序

伞形花序

复伞房花序

伞房花序

圆锥花序

头状花序2

头状花序2

圆锥花序

穗状花序

穗状花序

穗状花序

肉穗花序

葇荑花序

隐头花序

隐头花序

总状花序

总状花序

隐头花序

● 雄蕊

单体雄蕊

花丝基部合生

雄蕊成束

雄蕊多数

两体雄蕊

二强雄蕊

● 雌蕊

子房上位

子房下位

子房半下位

果实

● 聚合果

聚合核果

聚合瘦果

聚合翅状坚果

聚合蓇葖果

● 聚花果

● 单果

翅果

蓇葖果

坚果

核果

蓇葖果

荚果

瘦果

形态术语实例图 | 179

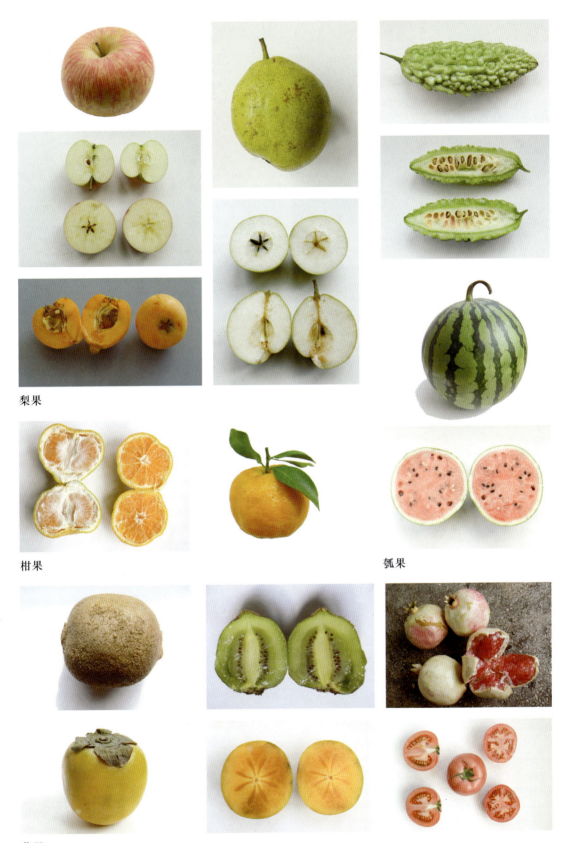

梨果

柑果

瓠果

浆果

种子

附属物

● 刺

● 毛　　　　　　　● 鳞片　　　　　● 腺体

绒毛

刺毛

星状毛

● 花盘

蕨类植物

● 孢子囊群

● 孢子囊群

裸子植物

● 雄球花

● 雌球花

● 球果

● 珠托

竹类

丛生竹

散生竹

花

茎

根

竹笋

芽

叶

箨环及秆环

箨叶

箨舌

分枝

箨耳

枝条　　　　　小枝

秆箨

节间

秆箨

中空

中文名索引

A
埃及莎草 122
安石榴 46
澳洲金合欢 16
矮牵牛 104
矮柏木 10
阿里山水龙骨 147

B
八角刺 64
半凤尾草 140
半边旗 140
半边梳 140
半边牙 140
半边莲 140
半边蕨 140
半边风药 140
变叶木 61
宝塔竹 131
扁担藤 88
扁柏 8
扁藤 88
扒墙虎 91
斑叶络石 91
斑芝棉 45
暴牙郎 70
柏树 8,9
波罗树 22
爆竹红 106
玻璃海棠 100
白克木 17
白刺 78
白合欢 34
白地栗 115
白头翁 114
白心树 44
白松 7
白果 28
白桃 32
白玉兰 30
白玉簪 108
白纸扇 92
白花石蒜 108
白花藤 91
白菖蒲 117
白萼 108
白虎木 77
白蜡树 24
白辛树 35
白金银花 84
白香樟 15
白马骨 67
白鹃梅 73
白鹤仙 108

白鹤花 108
白麻栎 40
百子兰 109
百子莲 109
百支莲 109
百般娇 97
碧冬茄 104
碧桃 32
碧环 112
笸子草 145
笔头草 134
菠萝花 110
蝙蝠蕨 150
豹皮榆 42
避火蕉 54
鞭蓉 112
驳骨藤 80

C
丛竹 129
侧柏 8
冲天草 122
刺凉子 46
刺杉 8
刺松 10
刺柏 10
刺梨 73
刺花 81
刺藤 73
刺齿贯众 145
垂丝柏 9
垂丝柳 39
垂丝海棠 31
垂杨柳 39
垂柳 39
川木通 81
川楝 47
川楝子 47
川楝实 47
川滇三角枫 23
川滇三角槭 23
川滇无患子 49
川草花 107
常春油麻藤 82
常春藤 83
常绿油麻藤 82
彩叶常春藤 83
慈竹 129
慈菇 119
慈菇花 119
檫木 31
池杉 29
瓷玫瑰 107
称杆红 21

穿孔喜林芋 119
粗皮栎 40
粗皮青冈 40
翠云草 134
翠柏 9
臭梧桐 52
臭橘 77
臭牡丹 67
臭芙蓉 102
臭草 67
臭菊 102
臭菖蒲 117
锉草 134
船家树 11
茨菰 115
茶梅 63
茶梅花 63
草本一品红 101
草本象牙红 101
草茉莉 100
草龙珠 87
菖蒲 117
赐紫樱桃 87
赤木 20
长叶云杉 6
长叶柳杉 7
长叶甘草蕨 140
长叶铁角蕨 143
长春花 102
长春蔓 90
长柄翠柏 9
长生铁角蕨 143
雏鸡尾 138

D
东洋桂花 62
丹桂 25
丹若 46
倒杨柳 39
倒生根 143
滇五味子 80
滇朴 42
滇桢楠 15
滇桦 40
滇楠 15
滇楸 51
滇榛 74
滇润楠 15
滇皂荚 33
冬樱花 32
冬海棠 32
冬红山茶 63
冬青 24
冬青卫矛 65

刀伤花 96
单片锯 140
单芽狗脊蕨 144
单边旗 140
单边蜈蚣 140
吊丝甜竹 132
地木 11
地柏叶 134
地柏枝 138
地桃花 96
地涌金莲 106
地石榴 72
地锅巴 56
地雷花 100
多花含笑 14
多花素馨 90
多花蔷薇 81
多裂棕竹 68
大丽花 103
大丽菊 103
大佛肚竹 128
大南蛇 85
大叶乌竹 132
大叶井口边草 139
大叶冬青 22
大叶土常山 105
大叶女贞 24
大叶屈头鸡 110
大叶梧桐 52
大叶榕 43
大叶菖蒲 117
大叶蜡树 24
大叶黄杨 65
大头竹 132
大果竹柏 11
大水田七 110
大浮萍 150
大理花 103
大眼莲 118
大竹 131
大紫背浮萍 115
大肚竹 127
大节藤 80
大芦藤 88
大花凌霄 93
大苦酊 22
大藻 118
大风草 149
大鳞肖楠 9
对节刺 87
对节生 105
对节皮 23
掉皮榆 42
断肠草 66,86

| 中文名索引 | 189

断骨粘 149
杜仲 43
杜凌霄 93
杜英 20
桧柏 10
灯台树 36
灯笼草 84
独脚樟 31
盾蕨 149
短萼海桐 19
胆八树 20
董棕 26
豆瓣冬青 64
钓鱼慈 129
顶芽狗脊 144
顶芽狗脊蕨 144
棣棠花 72

E
二宝藤 84
二色花藤 84
二球悬铃木 38
鄂西野茉莉 35
鹅掌柴 57
鹅掌楸 30
鹅掌金星草 148
鹅脚板 31

F
芳樟 14
佛肚竹 127
凤仙花 99
凤凰尾巴草 140
凤凰竹 126
凤尾丝兰 110
凤尾兰 110
凤尾松 54
凤尾树 54
凤尾草 54
凤尾蕨 139
凤庆朴 42
坎竹 126
复羽叶栾树 48
枫树 37
枫荷梨藤 83
枫香 37
法国冬青 57
烽火树 45
番木鳖 89
粉红短柱茶 63
粉背雷公藤 86
肺经草 149
芙蓉花 71
芙蓉麻 71
芙蕖 112
菲岛铁线蕨 141

菲律宾蜡花 107
蜂窝菊 102
非洲百合 109
风吹果 48
风流树 59
风车草 121

G
光灰楸 51
光石韦 149
莞蒲 122
公孙树 28
公鸡树 49
刚毛白辛树 35
孤挺花 109
干篦子 75
广西桦 40
弓背树 60
挂绿竹 127
构树榆 42
果山藤 85
果松 7
果株 26
果榜 26
枸杞 78
枸杞子 78
枸杞菜 78
枸橘 77
枸骨 64
珙桐 37
桂圆 23
桂花 25,62
灌灌黄 70
狗奶子 78
狗牙子 78
狗牙根 78
狗牙花 90
狗血花 63
狗骨刺 64
瓜子海棠 100
甘草凤尾蕨 140
甘草蕨 140
管子草 122
蕗 123
观音竹 68,126
观音芋 118
观音莲 119
过山龙 81
过江扁龙 88
高山杨 38
高脚贯众 135
鬼箭羽 75
鬼脸花 97
鸽子树 37
龟甲冬青 64
龟背竹 119

龟背芋 119

H
化桃木 40
化香树 41
化骨莲 108
华山松 7
华胄兰 109
华西小石积 72
厚皮香 21
厚萼凌霄 93
合掌木 17
合欢 34
含笑 54
含笑花 54
旱伞草 121
旱冬瓜 39
旱禾树 57
旱荷花 99
旱莲 36
旱金莲 99
核桃 41
槐叶苹 150
槐叶萍 150
河口莲座蕨 135
河口观音座莲 135
河楸 52
海南木莲 13
海桐 60
海桐花 60
海棠树 52
海榴 46
海罗树 60
海芋 118
海金沙 136
海麻 60
海麻桐 60
火把果 56,86
火杨梅 18
火棘 56
火炬姜 107
猴子蕨 147
猴毛头 137
红千层 21
红姜花 116
红孔雀 101
红山茶 63
红心柏 10
红果树 55
红枫 50
红棉 45
红椿 48
红棘子 48
红珠仔刺 78
红瓶刷 21
红籽 56

红紫木 62
红紫荆 33
红背 62
红背桂 62
红背桂花 62
红艳蕉 116
红花山玉兰 12
红花岩托 77
红花檵木 58
红花紫荆 33
红花羊蹄甲 33
红葡萄 84
红辣椒 77
红金银花 84
红香花刺根 81
红鸡冠 98
红鸡油 42
胡桃 41
花叶蔓长春花 90
花孝顺竹 128
花楸 52
花楸树 31
花竹 127
花香木 41
荷叶莲 99
荷花 112
葫芦竹 127
蒿叶叶 72
虎散竹 68
虹树 45
蛤蟆藤 136
蝴蝶梅 97
蝴蝶满园春 97
蝴蝶花 97
还香树 41
鹤掌叶 18
鹤膝风 80
黄兰 13
黄兰蝉 91
黄华 49
黄心树 13
黄木槿 60
黄杜鹃 75
黄柏 8,9
黄槿 60
黄狗头 137
黄玉兰 13
黄瓜香 144
黄皮刚竹 127
黄皮绿筋竹 127
黄缅桂 13
黄脉金银花 84
黄色映山红 75
黄花楸 52
黄花菜 107
黄花鸢尾 121

黄莺 91	江西秤锤树 35	鸡头肉 70	老虎牙 135
黄菖蒲 121	江边刺葵 68	鸡爪枫 50	老虎须 110
黄葛树 43	界竹 126	鸡爪槭 50	老鼠拉冬瓜 89
黄葛榕 43	筋头竹 68	鸡爪花 90	老鼠树 64
黄葵 71	箭根薯 110	鸡肉果 22	良口茶 92
黄蜀葵 71	箭竹 126	鸡脚莲 149	芦苇 123
黄连木 49	节节草 134	鸡节藤 80	莲 112
黄连翘 76	节骨草 134	鸡蛋黄花 72	莲叶荇菜 115
黄连茶 49	茧子花 73	鸡骨常山 77	莲花 112
黄金条 76	茭瓜 123		落星草 148
黄金竹 127	茭白 123	K	蓝地柏 134
黄金草 143	茭笋 123	壳菜果 18	蓝天竹 68
黄金莲 113	蒟蒻薯 110	孔雀仙人掌 101	蓝田竹 68
黄金葛 94	蕨 139	孔雀兰 101	蓝花君子兰 109
黄金间碧玉竹 127	蕨菜 139	孔雀松 7	蜡子树 45
黄金间碧竹 127	酒瓶果 71	宽叶冬青 22	蜡烛树 45
黑儿茶 16	酒米慈 129	昆明乌木 23	蜡瓣花 74
黑口莲 70	金代 54	昆明山海棠 86	裂叶白辛树 35
黑果 72	金凤花 99	昆明朴 42	路路通 37
黑枣 47	金宝树 21	栲香 41	雷柚 22
黑栲皮树 16	金星草 148	楷木 49	露甲 59
黑竹 130	金松 28	楷树 49	鹭鸶花 84
黑荆树 16	金柳 58	空桐 37	鹿角羊齿 150
黑藤 80	金桂 25	苦江草 123	鹿角蕨 150
黑虎大王 70	金梅花 76	阔叶鳞盖蕨 138	龙口花 104
黑龙须 70	金毛狗 137		龙头花 104
	金毛狗脊 137	L	龙头菜 139
J	金毛裸蕨 142	榔榆 42	龙柏 10
九活头 73	金江槭 23	丽春花 97	龙眼 23
九里香 25	金沙槭 23	令箭荷花 101	龙须 134
九重葛 88	金玲花 76	六方藤 86	烂皮蛇 134
交藤 82	金瓜果 73	六月雪 67	
假三念 71	金粉蕨 141	六角树 36	M
假桃花 96	金粟 25	六谷迷 124	买子藤 80
假桄榔 26	金腰带 76	凌霄 93	买麻藤 80
荬 123	金莲 113	勒杜鹃 88	孟宗竹 129
蒹 123	金莲子 115	卢桔 15	密密柏 9
剑叶丝兰 110	金莲花 99	喇叭花 109	密桶花 63
剑麻 110	金边常春藤 83	柳杉 7	密节竹 127
剪刀草 115	金边瑞香 59	柳树 39	密花胡颓子 86
加冬 20	金针花 107	棱花果树 72	木兰 30
吉利树 66	金钟花 76	楝青 77	木桃果 44
君迁子 47	金钱松 28	灵眼 28	木梁木 20
尖叶木樨榄 66	金钱树 46	灵芝牡丹 104	木梓树 45
尖子木 71	金铃子 47	狸头竹 129	木梨子 73
尖耳贯众 145	金银花 84	狼萁 139	木棉 43,45
尖齿贯众 145	金银藤 84	琉球短柱茶 63	木油树 45
巨龙竹 131	金销草 108	络石 91	木犀 25
急性子 99	金鱼草 104	绿绒草 134	木王 52
接骨丹 93	金鸡脚假瘤蕨 148	绿萝 94	木莲 13
接骨藤 80	锦被花 97	罗汉柴 11	木莲子 58
救军粮 56	鸡公花 98	罗汉竹 130,131	木蜡树 45
极香荚蒾 57	鸡冠头 98	罗网藤 136	木角豆 52
柏树 45	鸡冠花 98	老来娇 101	木贼 134
檵木 58	鸡嗉子 17	老虎刺 64	木鳖子 89
檵花 58	鸡嗉子果 17	老虎杆 70	木麻 60

木黄连 49	N	Q	人面花 97
棉麻藤 82	南洋杉 5	七变花 67	入腊红 98
毛叶桫椤 137	倪藤 80	七星箭 148	如意草 67
毛地黄 105	内消花 108	七星草 148	如意菜 139
毛宝巾 88	南天竹 68	乔木茵芋 22	忍冬 84
毛杨梅 18	南天竺 68	千丈树 36	日日新 102
毛桃 32	南蛇藤 85	千头柏 8	日日春 102
毛桃子 85	南蛇风 85	千寿菊 102	日日草 102
毛竹 129	女儿木 36	千屈菜 114	日本常春藤 83
毛芦 123	女贞 24	千年红 70	瑞兰 59
毛蕊铁线莲 81	尼泊尔桤木 39	千手兰 110	瑞木 36
满堂红 52	楠竹 129	千金树 55	瑞香 59
满天星 67	泥菖蒲 117	墙下红 106	绒花树 34
猫儿刺 64	牛吉力 78	墙藤 81	若榴木 46
猫儿竹 129	牛奶柿 47	拳头蕨 139	软叶刺葵 68
猫儿脸 97	牛尾贯众 145	杞枸 78	软木栎 40
猫头竹 129	牛眼果 44	杞菜 78	软枝黄蝉 91
猫尾 24	牛角瓜 66	桥皮榆 42	软枣 47
猫尾木 24	牛马藤 82	楸木 51	软筋藤 91
米仔兰 65	猕猴桃 85	槭树 50	
米兰 65	粘油子 96	气柑 22	S
米兰花 65	糯饭果 89	清明柳 39	杉松 5
米老排 18	纽子花 92	清香木 23	缫丝花 73
米蕨 139	耐冬 91	清香树 23	三台红花 105
绵竹 129	闹羊花 75	清香桂 59	三台花 105
缅茄 78	闹鱼儿 70	球花石楠 16	三台高 77
美人蕉 116	鸟不宿 46,64	秋枫 20	三对节 105
美国凌霄 93	鸟笼胶 71	秋榆 42	三白草 114
美洲水鬼蕉 120		秋葵 71	三色堇 97
膜叶星蕨 149	P	秋风子 20	三角梅 88
芒萁 136	抛 22	纤细五爪金龙 84	三角花 88
芒萁骨 138	披针新月蕨 142	羌桃 41	三角风 148
苗竹 129	拼桐 26	茄冬 20	上树龙 93
苗衣竹 129	攀援长春花 90	蔷薇 81	伞草 121
茅竹 129	攀枝花 45	钱甲树 46	伸脚草 134
蒙古桤木 39	朴仔 60	雀不站 77	刷树 31
蒙自桦树 40	枇杷 15	雀树 43	刷毛桢 21
蔓性落霜红 85	泡芦 123	雀梅 87	匙叶黄杨 58
蔓长春花 90	爬山姜 149	雀梅藤 87	十八学士 108
蚂蚁花 70	爬树藤 83	雀舌黄杨 58	十里香 55
蜢蚱参 138	皮哨子 49	青丝金竹 127	四季桂 25
马尾榕 43	皮杆条 41	青冈 19	四季海棠 100
马桑 70	皮皂子 49	青冈栎 19	四季秋海棠 100
马桑柴 70	皮袋香 55	青松 7	四季蔷薇 96
马竹 132	菩提子 87	青枫 50	四时春 102
马缨丹 67	萍蓬草 113	青桐 44	四棱树 75
马缨杜鹃 63	萍蓬莲 113	青棕 26	四联树 70
马缨花 34,63	蒲草 120	青櫹 31	四蕊朴 42
马掛木 30	蒲菜 120	青甜 132	四角枫 77
马蹄荷 17	蒲陶 87	青甜竹 132	圣诞红 61
马蹄莲 119	蓬莱竹 126	青蜡树 24	圣诞花 61
马鞍子 70	蓬莱花 59	筇竹 131	娑罗树 51
魔鬼藤 94	蓬莱蕉 119		宋柏 9
麻叶花 70	辟火蕉 54	R	山力叶 46
麻竹 132	铺地蜈蚣 56	乳源木莲 13	山大黄 110
麻骨风 80	铺地龙柏 10	人面竹 130	山杉 10

山杜英 20	水葱 122	天荷 118	五须松 7
山枝子 55	水葵 115	头状四照花 17	卫矛 75
山枸杞 78	水镜草 115	桃 32	微刺桫椤 137
山栀子 55	水马桑 70	桐梓树 31	忘忧草 107
山桂花 19	水骨菜 135	桐花 60	文光果 73
山棕 26	水鬼蕉 120	桐麻 44	文旦 22
山椒藻 150	栓皮栎 40	甜慈 129	文殊兰 108
山油麻 71	沈丁花 59	甜竹 132	无刺构骨 20
山波罗 12	沙木 8	糖鸡子 11	无心草 134
山玉兰 12	沙树 8	脱节藤 80	无皮树 52
山矾 60	沙糖果 72	藤梨 85	晚念珠 124
山矾花 102	沙糖蒿 42	藤花菜 82	望春花 30
山胡椒 65	洒金榕 61	藤萝 82	梧桐 44
山芋 118	深红细叶鸡爪槭 50	透骨草 99	歪脚龙竹 131
山芙蓉 71	湿竿 118	透龙掌 119	王莲 113
山荔枝 17	狮子花 104	铁丝兰 119	瓦韦 148
山葫芦 87	珊瑚树 57	铁丝报春 103	苇 123
山辛夷 55	生芽狗脊蕨 144	铁丝草 141	苇子 123
山鸡血藤 83	睡梦香 59	铁带藤 88	薇 135
山麻柳 41	睡莲 112	铁树 54	蜈蚣草 145
思仙 43	睡香 59	铁梗报春 103	蜈蚣萍 150
思仲 43	石小豆 55	铁甲树 11	
扇蕨 147	石朴 42	铁稠 19	X
扫帚柏 9	石榴 46	铁篱寨 77	喜马拉雅云杉 6
洒金千头柏 8	石腊红 98	铁线草 141	西藏云杉 6
撒尔维西 106	石龙藤 91	铁线蕨 141	喜树 36
时钟花 102	碎米兰 65	铁线藤 136	喜马拉雅青荚叶 76
是柑子 94	碎米子 87	铁芒萁 138	孝顺竹 126
朔潘 18	算盘竹 131	铁香樟 15	小五爪金龙 84
杉木 8	素心花 90	铜钱树 46	小佛肚竹 127
松柏 8	素馨花 90		小叶女贞 77
树兰 65	肾蕨 145	W	小叶手树 57
树林珠 143	舒筋草 140	万字茉莉 91	小叶枸子 56
树番茄 78	苏铁 54	万寿菊 102	小叶榆 42
梳字草 149	莎草 122	万年青 65	小叶络石 91
水杉 29	蓑衣藤 81	万年青树 20	小叶蜡树 77
水枝柳 114	赛牡丹 97	万里香 19	小叶骨牌草 148
水枝锦 114	酸色子 87	乌云树 34	小木米藤 80
水柳 114	酸铜子 87	乌果树 45	小木通 81
水树 28	麝香秋葵 71	乌桕 45	小琴丝竹 128
水桐楸 52		乌桕木 45	小白蜡树 77
水梨子 37	T	乌樟 14	小种罂粟花 97
水浮莲 118	台桧 10	乌竹 130	小红藤 84
水烛 120	台湾柏 10	乌竹仔 130	小芭蕉 108
水白菜 118	唐苦楝 47	乌蔹莓 84	小通草 76
水竹 121	团圆果 22	乌蕨 138	小黄花 76
水竹子 130	土凤尾草 147	乌韭 138	小黑牛肋 56
水竹芋 117	土碎补 147	乌骨风 80	锈鳞木犀榄 66
水红树 21	土黄条 72	乌龙须 70	新疆核桃 41
水芋马 119	土鼓藤 83	五彩花 67	洗手粉 34
水芙蓉 118	塔利亚 117	五爪藤 84	狭叶巢蕨 143
水芝 112	塔柏 10	五爪金龙 84	狭果秤锤树 35
水荷叶 115	塘边藕 114	五爪龙 84	猩猩木 61
水莲 112	天竺 68	五狗卧花心 66	猩猩草 101
水莲蕉 117	天竺牡丹 103	五色梅 67	细叶假樟 55
水菖蒲 117	天竺葵 98	五虚下西山 84	细叶连翘 76

| 中文名索引 | 193 |

细叶鸡爪槭 50
细叶黄杨 58
细齿贯众蕨 145
绣球杜鹃 63
肖野 70
肖野牡丹 70
荇菜 115
荚果蕨 144
苍菜 115
萱草 107
西南山茶 62
西南桤木 39
西南桦 40
西南石韦 146
西南红山茶 62
西南红豆杉 11
西域青荚叶 76
西桦 40
西洋红 106
西番莲 89,103
西藏朴 42
西风竹 126
象牙红 61
雪时高 84
雪柚 22
香叶子 55
香叶树 55
香扁柏 9
香果树 55
香柏 8
香柯树 8
香桂子 15
香樟 14
香油果 55
香花崖豆藤 83
香蒲 120
香蕉花 54
香龙草 85
馨香玉兰 12

Y
云南杉松 5
云南油杉 5
一串白 106
一串紫 106
一串红 106
一品红 61
云南七叶树 51
云南含笑 55
云南无患子 49
云南楠木 15
云南玉兰 12
云南皂荚 33
云南红豆杉 11
亚马逊王莲 113
伊桐 44

优昙花 12
友水龙骨 147
叶上果 76
叶上花 76
叶子花 88
圆柏 10
圆眼 23
圆羊齿 145
夜合花 34
夜晚花 100
岩刷子 66
岩姜七 149
岩桂 25
崖姜 150
崖姜蕨 150
应春 30
引水焦 108
摇钱树 46
月乌鸡 84
月季 96
月月红 96
月月花 96
柚 22
柚子 22
椰树 11
永固生 77
油樟 14
油皂子 49
洋地黄 105
洋彩雀 104
洋松子 70
洋海棠 100
洋紫荆 33
洋绣球 98
洋葵 98
洋酸茄花 89
燕尾草 115
玉兰 30
玉叶金花 92
玉堂春 30
玉枝 75
玉环 112
玉簪 108
樱珞柏 10
痒痒树 52
盐巴树 44
盐水面夹果 60
砚山红 71
羊不食草 75
羊奶子 86
羊屎树 20
羊带风 88
羊桃 85
羊浸树 66
羊白花 73
羊眼果树 23

羊蹄躅 75
羊蹄甲 33
胭脂花 100
薏米 124
英国梧桐 38
英雄树 45
药木 49
药玉米 124
薏苡 124
虞美人 97
迎春 30
迎春条 76
迎春柳 76
迎春花 76
野厚朴 44
野扇花 59
野桐乔 96
野梅花 96
野棉花 71,96
野樱桃 59
野油麻 71
野花木 34
野荔枝 17
野蔷薇 81
野辣椒 77
野马桑 70
野鸡膀子 144
银合欢 34
银杉 6
银杏 28
银桂 25
银边常春藤 83
阳桃 85
雅枫 50
鱼子兰 65
鸭掌树 28
鸭母树 57
鸭脚子 28
鸭脚木 57
鸭角草 148

Z
中华双扇蕨 146
中华常春藤 83
中华桫椤 137
中华猕猴桃 85
中国凌霄 93
再力花 117
喳叭叶 70
子午莲 112
展毛野牡丹 70
张口叭 70
总花白鹃梅 73
抓痒树 52
指甲草 99
朱顶红 109

枳 77
枳壳 77
栀子皮 44
桎木 58
桢木 24
棕树 26
棕桐 44
棕榈 26
樟 14
樟树 14
樟木 14
正木 8,65
正杉 8
毡帽泡花 70
沼杉 29
沼落羽松 29
炸腰花 70
猪姑稔 70
猪血柴 21
珍珠柏 10
珍珠米 124
珠木树 21
竹柏 11
竹节藤 80
紫叶 23
紫叶桃 32
紫桑 70
紫楸 51
紫油木 23
紫穗兰 109
紫竹 130
紫背桂 62
紫脉金银花 84
紫花楸 51
紫茉莉 100
紫萁 135
紫葳 93
紫薇 52
紫藤 82
紫金藤 86
紫马桑 70
纸草 122
纸莎草 122
自由钟 105
藏川杨 38
蜘蛛兰 120
转心莲 89
转枝莲 89
转转藤 136
醉鱼儿 70
钻天风 83
梓 52
梓树 52

拉丁名索引

A
Araucaria cunninghamii 5
Acacia mearnsii 16
Acer paxii 23
Amygdalus persica 32
Amygdalus persica f. atropurpurea 32
Amygdalus persica f. duplex 32
Albizia julibrissin 34
Alnus nepalensis 39
Acer palmatum 50
Aesculus wangii 51
Aglaia odorata 65
Abelmoschus moschatus 71
Alstonia yunnanensis 77
Actinidia chinensis 85
Allemanda cathartica 91
Anemone vitifolia 96
Antirrhinum majus 104
Agapanthus africanus 109
Antirrhinum majus 112
Acorus calamus 117
Alocasia macrorrhiza 118
Angiopteris hokouensis 135
Alsophila costularis 137
Adiantum capillus-veneris 141
Asplenium prolongatum 143

B
Bischofia javanica 20
Bauhinia blakeana 33
Betula alnoides 40
Bombax malabaricum 45
Buxus harlandii 58
Bougainvillea spectabilis 88
Begonia semperflorens 100
Bambusa multiplex 126
Bambusa multiplex var. riviereorum 126
Bambusa multiplex 126
Bambusa ventricosa 127
Bambusa vulgaris var. striata 127
Bambusa vulgaris 128

C
Cathaya argyrophylla 6
Cryptomeria fortunei 7
Cunninghamia lanceolata 8
Calocedrus macrolepis 9
Cupressus funebris 9
Cinnamomum camphora 14
Cyclobalanopsis glauca 19
Callistemon rigidus 21
Citrus maxima 22
Caryota urens 26
Cerasus cerasoides 32
Camptotheca acuminata 36
Celtis tetrandra 42
Catalpa fargesii f. duclouxii 51
Catalpa ovata 52
Cycas revoluta 54
Cotoneaster microphyllus 56
Codiaeum variegatum 61
Camellia pitardii 62
Camellia sasanqua 63
Calotropis gigantea 66
Coriaria nepalensis 70
Corylopsis sinensis 74
Corylus yunnanensis 74
Cyphomandra betacea 78
Clematis armandii 81
Celastrus orbiculatus 85
Campsis grandiflora 93
Campsis radicans 93
Celosia cristata 98
Catharanthus roseus 102
Clerodendrum serratum 105
Clerodendrum serratum var. amplexifolium 105
Crinum asiaticum var. sinicum 108
Canna indica 116
Cyperus alternifolius ssp. flabelliformis 121
Cyperus papyrus 122
Coix lacryma-jobi 124
Cibotium barometz 137
Cyrtomium caryotideum 145

D
Dendrobenthamia capitata 17
Dimocarpus longan 23
Dolichandrone cauda-felina 24
Davidia involucrata Baill. 37
Davidia involucrata var. vilmoriniana 37
Diospyros lotus 47
Daphne odora 59
Daphne odora f. marginata 59
Dahlia pinnata 103
Digitalis purpurea 105
Dendrocalamus sinicus 131
Dendrocalamus latiflorus 132
Dicranopteris dichotoma 136
Dipteris chinensis 146

E
Eriobotrya japonica 15
Exbucklandia Populnea 17
Elaeocarpus sylvestris 20
Elaeocarpus sylvestris var. fortunei 20
Eucommia ulmoides 43
Euphorbia pulcherrima 61
Excoecaria cochinchinensis 62
Euonymus japonicus 65
Exochorda racemosa 73
Euonymus alatus 75
Elaeagnus conferta 86
Epipremnum aureum 94
Euphorbia cyathophora 101
Etlingera elatior 107
Equisetum hyemale 134

F
Ficus virens Aiton var. sublanceolata 43
Firmiana platanifolia 44
Forsythia viridissima 76

G
Ginkgo biloba 28
Gleditsia delavayi 33
Gnetum montanum 80
Gymnopteris vestita 142

H
Hibiscus tiliaceus 60
Helwingia himalaica 76
Hedera nepalensis var. sinensis 83
Hedera nepalensis 83
Hemerocallis fulva 107
Hosta plantaginea 108
Hippeastrum rutilum 109
Hedychium coccineum 116
Hymenocallis littoralis 120

I
Ilex latifolia 22
Itoa orientalis 44
Ilex cornuta 64
Ipomoea cairica 84
Ipomoea cairica var. gracillima 84
Impatiens balsamina 99
Iris pseudacorus 121

J
Juniperus formosana 10
Juglans regia 41
Jasminum nudiflorum 76
Jasminum polyanthum 90

K
Koelreuteria bipinnata 48
Kerria japonica 72

L
Ligustrum lucidum 24
Liriodendron chinense 30
Leucaena leucocephala 34
Liquidambar formosana 37
Lagerstroemia indica 52

Lindera communis 55
Loropetalum chinense 58
Lantana camara 67
Ligustrum quihoui 77
Lycium chinense 78
Lonicera japonica 84
Lythrum salicaria 114
Lygodium japonicum 136
Loropetalum chinense var. *rubrum* 58
Lonicera japonica var. *chinensis* 84
Lonicera japonica var. *repens* 84
Lepisorus thunbergianus 148

M

Magnolia delavayi 12
Magnolia odoratissima 12
Manglietia fordiana 13
Michelia champaca 13
Michelia floribunda 14
Machilus yunnanensis 15
Mytilaria laosensis 18
Myrica esculenta 18
Metasequoia glyptostroboides 29
Magnolia denudata 30
Malus halliana 31
Melia toosendan 47
Michelia figo 54
Michelia yunnanensis 55
Melastoma normale 70
Mucuna sempervirens 82
Millettia dielsiana 83
Momordica cochinchinensis 89
Mussaenda pubescens 92
Mirabilis jalapa 100
Musella lasiocarpa 106
Monstera deliciosa 119
Microlepia platyphylla 138
Matteuccia struthiopteris 144
Microsorum membranaceum 149

N

Nageia nagi 11
Nandina domestica 68
Nopalxochia ackermannii 101
Nymphaea tetragona 112
Nelumbo nucifera 112
Nuphar pumilum 113
Nymphoides peltatum 115
Neosinocalamus affinis 129
Neottopteris simonsiana 143
Nephrolepis auriculata 145
Neocheiropteris palmatopedata 147
Neolepisorus ovatus 149

O

Osmanthus fragrans 25
Osmanthus fragrans var.*aurantiacua* 25
Osmanthus fragrans var.*thunbergii* 25
Osmanthus fragrans var.*latifolius* 25
Osmanthus fragrans var. *semperflorens* 25
Olea ferruginea 66
Oxyspora paniculata 71
Osteomeles schwerinae 72
Osmunda japonica 135
Onychium siliculosum 141

P

Picea spinulosa 6
Pinus armandi 7
Platycladus orientalis 8
Photinia glomerata 16
Pittosporum brevicalyx 19
Pistacia weinmannifolia 23
Pseudolarix amabilis 28
Pterostyrax psilophyllus 35
Platanus × *acerifolia* 38
Populus szechuanica var.*tibetica* 38
Platycarya strobilacea 41
Punica granatum 46
Paliurus hemsleyanus 46
Pistacia chinensis 49
Pyracantha fortuneana 56
Pittosporum tobira 60
Phoenix roebelenii 68
Poncirus trifoliata 77
Passiflora coerulea 89
Papaver rhoeas 97
Pelargonium hortorum 98
Primula sinolisteri 103
Petunia hybrida 104
Pistia stratiotes 118
Phragmites australis 123
Phyllostachys pubescens 129
Phyllostachys nigra 130
Phyllostachys aurea 130
Phyllostachys nigra var. *henonis* 130
Pteridium aquilinum var. *latiusculum* 139
Pteris cretica var. *nervosa* 139
Pteris vittata 140
Pteris semipinnata 140
Pronephrium penangianum 142
Pyrrosia gralla 146
Polypodiodes amoena 147
Phymatopteris hastata 148
Pseudodrynaria coronans 150
Platycerium wallichii 150

Q

Quercus variabilis 40
Qiongzhuea tumidinoda 131

R

Rhododendron delavayi 63
Rhapis multifida 68
Rosa roxburghii 73
Rhododendron molle 75
Rosa multiflora 81
Rosa chinensis 96

S

Sabina chinensis 10
Skimmia arborescens 22
Sassafras tzumu 31
Sinojackia rehderiana 35
Swida controversa 36
Salix babylonica 39
Sapium sebiferum 45
Sapindus delavayi 49
Schefflera octophylla 57
Sarcococca ruscifolia 59
Serissa japonica 67
Schisandra henryi var.*yunnanensis* 80
Sageretia thea 87
Salvia splendens 106
Saururus chinensis 114
Sagittaria sagittifolia 115
Scirpus validus 122
Selaginella uncinata 134
Stenoloma chusanum 138
Salvinia natans 150

T

Taxus yunnanensis 11
Ternstroemia gymnanthera 21
Trachycarpus fortunei 26
Taxodium ascendens 29
Toona ciliata 48
Tripterygium hypoglaucum 86
Tetrastigma planicaule 88
Trachelospermum jasminoides 91
Tropaeolum majus 99
Tagetes erecta 102
Tacca chantrieri 110
Thalia dealbata 117
Typha orientalis 120

U

Ulmus parvifolia 42

V

Viburnum odoratissimum 57
Vitis vinifera 87
Vinca major 90
Vallaris solanacea 92
Viola tricolor 97
Victoria amazonica 113

W

Wisteria sinensis 82
Woodwardia unigemmata 144

Y

Yucca gloriosa 110

Z

Zantedeschia aethiopica 119
Zizania latifolia 123

参考文献

1. 中国科学院中国植物志编委会.中国植物志（各卷册）[M].北京：科学出版社.1974～2000
2. 郑万均，中国树木志编辑委员会.中国树木志（1～4卷）[M].北京：中国林业出版社.1983，1985，1997，2004
3. 中国科学院植物研究所.中国高等植物图鉴（各卷册）[M].北京：科学出版社.1972～1983
4. 云南省植物研究所，中国科学院昆明植物研究所.云南植物志（各卷册）[M].北京：科学出版社.1977～2006
5. 傅立国等.中国高等植物（各卷册）[M].青岛：青岛出版社.1999～2005
6. 侯宽昭.中国种子植物科属词典[M].北京：科学出版社.1991
7. 马其云.中国蕨类植物和种子植物名称总汇[M].青岛出版社.2003
8. 朱家柟等.拉汉英种子植物名称（第2版）[M].北京：科学出版社.2001
9. 黎存志等.香港植物名录2001[M].香港特别行政区政府 渔农自然护理署.2002
10. 吴兆洪，秦仁昌.中国蕨类植物科属志[M].北京：科学出版社.1991
11. 陈植.观赏树木学[M].北京：中国林业出版社.1984
12. 祈承经，汤庚国.树木学：南方本（第二版）[M].北京：中国林业出版社.2005
13. 庄雪影.园林树木学（华南本）[M].广州：华南理工大学出版社.2006
14. 树木学（南方本）编写委员会编.树木学(南方本)[M].北京：中国林业出版社，1994
15. 姚庆渭.树木学[M].北京：中国林业出版社.1958
16. 包志毅主译.世界园林乔灌木[M].北京：中国林业出版社.2004
17. 孙可群，张应麟等.花卉及观赏树木栽培手册[M].北京：中国林业出版社，1985
18. 张穆舒等.新潮观赏植物600种[M].北京：中国林业出版社.2000
19. 陈俊愉，刘师汉.园林花卉[M].上海：上海科学技术出版社.1980
20. 李沛琼等.耐荫半耐荫植物[M].深圳：中国林业出版社.2003
21. 肖良，印丽萍，英国皇家园艺学会.一年生和二年生园林花卉[M].北京：中国农业出版社.2001
22. 曾宋军，刑福武.观赏蕨类[M].北京：中国林业出版社.2002
23. 孟庆武等.攀援花卉[M].北京：中国青年出版社.1995
24. 臧德奎.攀援植物造景艺术[M].北京：中国林业出版社.2002
25. 赵家荣，秦八一主编.水生观赏植物[M].北京：化学工业出版社.2003
26. Philip Swindells著，蔡建华译.池塘植物及其栽培[M].长沙：湖南科学技术出版社.2003
27. 周厚高.水体植物景观[M].贵阳：贵州科技出版社.2006
28. 朱石麟等.中国竹类植物图志[M].北京：中国林业出版社.1994
29. 陈其兵.观赏竹配置与造景[M].北京：中国林业出版社.2007
30. 王伏雄，胡玉熹.植物学名词解释：形态结构分册[M].北京：科学出版社.1982
31. 全国自然科学名词审定委员会.植物学名词·1991[M].北京：科学出版社.1992
32. 周呈维.高等植物常用名词术语解释[M].四川：重庆大学出版社.1992